Gerhard Dollinger

Der Schlangenbiß

GERHARD DOLLINGER

DER SCHLANGEN BISS

UND ANDERE GESCHICHTEN VON MENSCHEN, DIE ICH NICHT VERGESSEN HABE

BETULIUS VERLAG

Die Menschen, von denen ich in diesem Buch berichte, haben alle wirklich gelebt oder leben noch; sie sind also keine Phantasieprodukte von mir. Um keine Indiskretion zu begehen, habe ich sie, sofern ich sie noch erreichen konnte, oder ihre Angehörigen, falls sie nicht mehr am Leben waren, um ihr Einverständnis zur Veröffentlichung gebeten. Die Namen sind geändert.

Die Menschen, die ich nicht vergessen habe, waren nicht alle, aber doch größtenteils Vorbilder für mich.

Gerhard Dollinger

Die Deutsche Bibliothek – CIP-Einheitsaufnahme

Dollinger, Gerhard:
Der Schlangenbiß und andere Geschichten von Menschen, die ich nicht vergessen habe / Gerhard Dollinger. – Stuttgart: Betulius, 1999
ISBN 3-89511-061-2

1 2 3 4 05 03 01 99

Umschlaggestaltung: Atelier Reichert, Stuttgart
unter Verwendung eines Fotos aus Privatbesitz
Reproduktion: Pix' Unlimited, Stuttgart
Gesamtherstellung: Clausen & Bosse, Leck

ISBN 3-89511-061-2

Inhalt

Ein »junges Ehepaar«

Hausbesuch bei einem Ehepaar, das erst vor kurzem in meinen Praxisbereich zugezogen ist.

Es sind zwei fröhliche alte Menschen, er ein waschechter Schwabe, sie eine Norddeutsche mit leichtem Berliner Akzent. Da ich die Angewohnheit habe, mich mit neuen Patienten etwas länger als gewöhnlich zu befassen, um sie kennenzulernen, halte ich mich auch bei diesen Herrschaften ein wenig auf und frage sie aus.

»Wir sind zwar zwei alte Leute«, sagt die Frau, »aber wir sind noch ein ganz junges Ehepaar, wir haben erst vor kurzem geheiratet.«

Verwundert schaue ich sie an. Vor kurzem geheiratet? denke ich, wie ist das möglich?

»Ja, da staunen Sie, Herr Doktor, gelt?« sagt der Ehemann. »Sicher ist es Ihnen noch nicht oft begegnet, daß der Bräutigam 88, die Braut 65 Jahre alt war. Gerne will ich Ihnen erzählen, wie es dazu kam. Als meine erste Frau starb, war ich 79 Jahre alt.

Die ersten beiden Jahre nach ihrem Tod blieb ich allein in meiner Wohnung. Zwar war ich von zwei Frauen gut betreut und versorgt, aber eben doch immer allein. Zu meinen Kindern ziehen wollte ich nicht, aber da ich immer ein geselliger Mensch gewesen war, konnte ich das Alleinsein schlecht ertragen. So entschloß ich mich, in ein Altersheim zu gehen, wo ich zumindest Gesellschaft haben würde. Dort war zwar alles wunderbar, das muß ich ehrlich zugeben. Die Pflege tadellos, das Essen vorzüglich, die Unterbringung geradezu feudal, kurzum, es war nichts auszusetzen. Nur, daß ich von lauter alten Leuten umgeben war, das war das einzige, was mich störte. Ich war früher jahrzehntelang in der Jugendarbeit aktiv tätig gewesen, und der Umgang mit jungen Menschen war für mich auch noch im Alter beglückend. Und nun? Lauter alte Leute wie ich, die mir fortwährend ihre ganze Lebensgeschichte erzählen wollten oder über ihre Wehwehchen jammerten – nicht zum Aushalten! Aber ich wußte keinen Ausweg aus dieser Lage, denn noch einmal einen eigenen Hausstand gründen in meinem Alter, das schien mir absurd. Ich meldete mich, um dieser Altersheim-Atmosphäre wenigstens für eine Weile zu entfliehen, zu einer Bibelkonferenz in einem Heim des CVJM an, wo ich schon früher mit meiner verstorbenen Frau ein paarmal gewesen war und wo es uns immer sehr gut gefallen hatte.

Bei diesen Konferenzen trifft man häufig die gleichen Teilnehmer, so auch dieses Mal. Unter den alten Bekannten war auch meine jetzige Frau, mit der wir, meine erste Frau und ich, uns bei früheren Gelegenheiten schon angefreundet hatten.

Nun trafen wir uns zum erstenmal seit dem Tod meiner Frau, und sie erkundigte sich, wo und wie ich jetzt lebe. Ich erzählte ihr, daß ich im Altersheim sei, wo es mir aber gar nicht gefalle, so daß ich mich mit dem Gedanken trüge, mich wieder selbständig zu machen. Zwar sei ich mir der Schwierigkeiten bewußt, in meinem Alter allein zu leben, aber trotzdem …

Sie fragte mich: ›Warum heiraten Sie denn nicht wieder?‹

›Heiraten? In meinem Alter? Wer wird denn einen alten Knacker wie mich mit 88 Jahren noch wollen?‹

›Was heißt denn schon alt, wenn man noch gesund und geistig so vital und rege ist wie Sie?‹ sagte sie.

So gab ein Wort das andere.

Wir stellten fest, daß das wichtigste beim Heiraten doch sei, daß beide Partner in den grundlegenden Dingen des Lebens übereinstimmten – das war in unserem Fall der Glaube, denn wir waren beide überzeugte Christen. Sie erzählte mir dann aus ihrem Leben, was ich bis jetzt nicht gewußt hatte. Als uneheliches Kind geboren, war sie gleich nach ihrer Geburt weggegeben worden und nach einigen Wechseln zu sehr lieben Leuten gekommen, die sie später adoptierten. An Elternliebe habe es ihr also nie gefehlt. Sie habe einen Beruf erlernt und sich unabhängig gemacht, an materiellen Gütern habe es ihr nie gemangelt. Und doch habe sie sich – unbewußt wohl – immer danach gesehnt, mit *einem* Menschen verbunden, verheiratet zu sein.«

»Und nun war diese Gelegenheit gekommen«, fuhr sie fort, »sollte ich da nicht zugreifen. *Sein Alter* störte mich überhaupt nicht, nicht im geringsten. Mich störte nur der Zweifel, ob ich in meinem Alter mich noch an das Zusammenleben mit einem Menschen würde gewöhnen können. Aber diese Bedenken wischte er weg und meinte: ›Wir haben so viele Gemeinsamkeiten, daß wir es ruhig wagen könnten, meine ich.‹ Und so haben wir es denn gewagt und haben unter großer Zustimmung seiner Kinder und Enkel geheiratet. Das ist unsere Geschichte, Herr Doktor.«

Noch jahrelang habe ich die beiden hausärztlich betreut und miterlebt, wie glücklich sie waren. Es war eine ganz und gar harmonische Verbindung, die noch acht Jahre dauerte, bis er mit 96 Jahren ganz sanft und ohne große Leiden entschlafen ist.

Gerne denke ich an die beiden zurück, die so unbekümmert davon, was »die Leute sagen«, fröhlich ein Wagnis eingegangen waren, von dem alle gemeint hatten, es könne nie gutgehen.

Pflichterfüllung

Es gibt eine Art von selbstverständlicher Pflichterfüllung, ohne viele Worte, ohne großes Getue, die mich, wenn ich sie sehe, zutiefst beschämt.

In unserem Ort lebt eine Familie von drei Geschwistern, von denen zwei Epileptiker sind, die eine Schwester noch dazu geistig behindert. Nur ein Bruder ist gesund. Er ist Beamter und ein von allen geachteter Mann. Die beiden kranken Geschwister leben in dem von den Eltern ererbten Häuschen, der gesunde Bruder hat sich auf dem gleichen Grundstück ein hübsches Einfamilienhaus gebaut, in dem er mit Frau und zwei gesunden und begabten Kindern lebt.

Jedermann im Dorf weiß, daß die Frau des gesunden Bruders für die beiden kranken Geschwister des Mannes sorgt, aber ich glaube, daß sich gar niemand darüber im klaren ist, was das bedeutet. Auch ich habe mir lange nichts dabei gedacht.

Der kranke Bruder holt im Wald Holz, zersägt und spaltet es, und er macht kleine Botengänge für diesen und jenen, wofür er dann ein »Trinkgeld« bekommt. Obwohl alle Leute wissen, daß er keinen Alkohol verträgt und der bei seiner Krankheit das reinste Gift für ihn ist, sind die Leute so töricht, ihm immer wieder ein Schnäpschen anzubieten. Das mag gut gemeint sein, aber er wird dann laut und lärmend, und dann lachen die Leute über den armen Burschen. Mehr als einmal hat er sich dabei schwer verletzt, wenn er sich torkelnd auf den Heimweg machte. Wenn der Bruder oder die Schwägerin ihm Vorhaltungen machen, nützt das natürlich gar nichts. Er glaubt dann, man gönne ihm ein harmloses Vergnügen nicht. So zittert die ganze Familie ständig davor, was er jetzt wieder anstellen wird.

Die geistig behinderte Schwester ist nur frei von Anfällen, solange sie pünktlich ihre Medikamente einnimmt. Und, so schwach im Geist sie sonst ist, bringt sie es doch mit List und Tücke fertig, sich davor zu drücken. Mag auch die Schwägerin sie ihr in den Mund schieben und dabeistehen, bis sie meint, sie habe die Tabletten hinuntergeschluckt, so bewahrt sie die heimtückisch in der Backentasche auf, und sobald die Schwägerin das Zimmer verlassen hat, spuckt sie sie aus. Sie leidet am sogenannten »Grand Mal«, der schweren Form von Epilepsie. Bei ihren Anfällen stürzt sie oft bewußtlos hin, schlägt sich Kopf und Glieder blutig, hat nachher riesige

Blutergüsse und ist tagelang wie in einem Trancezustand, in dem sie alles unter sich läßt und nicht ansprechbar ist.
Auf meiner Besuchstour komme ich alle vier Wochen einmal hin, schaue nach beiden Geschwistern und schreibe ihnen ihre Medikamente auf. Immer ist das alte Häuschen pieksauber geputzt und aufgeräumt, vor den Fenstern blühen im Sommer leuchtend rote Geranien, im Winter stehen auf den Fenstersimsen Alpenveilchen oder Begonien, im Ofen knistert ein Holzfeuer, in der Ecke steht ein Fernseher, wie in jedem anderen Haus.
Und ich – ich bin jahrelang dorthin gekommen und habe mir, ich sagte es schon, gar nichts dabei gedacht.
Eines Tages fand ich bei meinem Besuch den gesunden Bruder vor dem Haus mit einer Ausbesserungsarbeit beschäftigt, im »blauen Anton«.
»Haben Sie Urlaub?« fragte ich.
»Ja.«
»Und? Verreisen Sie nicht?«
»Verreisen? Ich?« gab er zur Antwort. »Wie denken Sie sich das? Wer soll denn nach meinen Geschwistern sehen, wenn wir weg sind? Meine Frau und ich haben, so lange wir verheiratet sind, noch nie eine Ferienreise gemacht. Wir verleben unseren Urlaub immer hier und bringen den Garten und die beiden Häuser in Ordnung. Die einzige Ausnahme ist, daß meine Frau gelegentlich eine eintägige Omnisbusreise unternimmt, da nehme ich mir dann einen Tag dienstfrei und bleibe zu Hause, um die beiden Geschwister zu versorgen.«
Da erst wurde mir mit einem Schlag klar, was diese beiden Eheleute auf sich genommen haben, jahraus, jahrein, viele, viele Jahre lang, ohne je ein Wort darüber zu verlieren, ohne sich je zu beklagen oder ohne je in Erwägung zu ziehen, die beiden Geschwister in ein Heim zu geben, um auch einmal »etwas vom Leben zu haben«. Da habe ich mich auf einmal geschämt, weil die Leute oft so ein Getue machen, welch opfervolles Leben doch so ein Landarzt hat. Was habe *ich*

schon auf mich genommen, verglichen mit diesen beiden Menschen?
Postscriptum nach einigen Jahren: Die Schwester ist inzwischen gestorben, der kranke Bruder hat Einsicht gezeigt und rührt keinen Tropfen Alkohol mehr an und ist so gut zu leiten. Die Enkelkinder der beiden Eheleute sind gesund, begabt und musikalisch. So ist nach vielen schweren Jahren die Belohnung für ihr opfervolles Leben gekommen.

Cornelius D.

Er war ein Theologiestudent aus USA und hatte sich gleich nach Ende des Zweiten Weltkrieges freiwillig zu einem Einsatz für eine Hilfsorganisation, dem MCC = Mennonite Central Committee, nach Deutschland zur Verteilung der Hilfsgüter gemeldet. Außer Unterkunft und Verpflegung bekam er keine Entschädigung. Obwohl in den USA geboren, sprach er doch fließend deutsch, da seine Familie, schon drei Generationen in den USA, zu Hause immer noch deutsch sprach.
Es muß für ihn gewiß ein großer Schock gewesen sein, aus dem heilen Amerika, wo man keinerlei Mangel kannte, in das zerstörte Deutschland zu kommen, wo der Hunger samt dem Mangel an jeglichem Bedarfsartikel herrschte. Wenn man aus dem Frankfurter Hauptbahnhof trat: Ruinen, schwarzverräucherte Ruinen, und nichts als Ruinen, wohin das Auge blickte.
Er machte sich, kaum angekommen, an seine Aufgabe, schleppte Ballen mit Kleidungsstücken, Lebensmittelpakete wie ein Schwerstarbeiter.
Aber, und das war das Bemerkenswerte an ihm, er wollte auch Kontakt mit der deutschen Bevölkerung, den Menschen, denen seine Hilfsgüter zukamen.
Wir Deutschen waren ja damals das verachtetste aller Völker, und besonders viele Amerikaner sahen in jedem Deut-

schen einen Massenmörder, einen Schwerverbrecher, Ex-Nazi. Nicht so Cornelius. Ihm lag daran, die Menschen, denen er helfen sollte, kennenzulernen, um sie verstehen zu können. Er war sich seiner deutschen Abstammung bewußt, daher wollte er die Spreu von dem Weizen trennen und nicht in Bausch und Bogen jeden Deutschen verurteilen.

Ich lernte ihn kennen, als ich den Kontakt mit der Mennonitenkolonie in Paraguay aufgenommen hatte, um dort als Arzt zu arbeiten. Er sollte mir bei der Beschaffung der Ausreisepapiere behilflich sein. Man kann es sich heute einfach nicht mehr vorstellen, wie viele Laufereien, Scherereien und Schikanen es damals gab, bis man aus Deutschland ausreisen konnte. Ein Deutscher ins Ausland, vollends in den Urwald, das konnte doch nichts anderes bedeuten, als daß er ein Verbrecher oder Ober-Nazi war, der sich der Gerichtsbarkeit entziehen wollte, indem er sich irgendwo im Busch versteckte.

Als ich zum erstenmal zu Cornelius D. kam, hatte er von seiner Heimatdienststelle schon den Auftrag erhalten, sich um meine Angelegenheit zu kümmern, aber auch, mich zu überprüfen, was meine Motive seien, um in den Busch zu gehen.

Zuerst fragte er mich, ob ich eine Tasse Kaffee möchte. Wer hätte da nein gesagt? Wir hatten damals nur »Muckefuck«, Malzkaffee, und Bohnenkaffee war etwas wie eine Fata Morgana. Dann fragte er mich, warum ich auswandern möchte. Ich witterte sofort Unrat und sagte etwas spöttisch: »Können Sie sich das nicht denken? Ich bin doch sicher ein Verbrecher oder Massenmörder, sonst würde ich doch unser wundervolles Deutschland nicht verlassen wollen, oder?«

»Sie brauchen nicht zynisch zu werden«, meinte er ernst, »ich denke nichts dergleichen. Aber ich bin von meiner Dienststelle beauftragt, herauszufinden, was Sie dazu bewegt, in die Wildnis zu gehen. Sie sind ja, soviel ich erfahren habe, nicht arbeitslos und nicht gezwungen, auszuwandern. Also jetzt antworten Sie mir bitte ganz im Ernst.«

Ich erzählte ihm, daß ich kurz zuvor eine Glaubenserfahrung gemacht hatte, nämlich durch eine Gebetserhörung aus einer ausweglosen Lage errettet worden sei, und daß ich mich dann entschlossen habe, in die Mission zu gehen oder an irgendeinen Platz, wo man dringend einen Chirurgen benötigte, daß ich aber auf alle meine Bewerbungen nur Absagen bekommen hätte, bis die Mennonitenkolonie in Paraguay geantwortet habe, sie seien sehr froh, wenn ich mich entschließen könne, zu ihnen zu kommen.

»In Deutschland gibt es zur Zeit so viele Ärzte, daß man die Straßen damit pflastern kann«, sagte ich, »es ist eine richtige Ärzteschwemme. Ich möchte aber mehr, als nur mein Brot verdienen, ich möchte irgendwohin, wo man mich wirklich braucht.«

Daraus entwickelte sich dann eine lange Unterhaltung, bei der ich merkte, wie objektiv und unvoreingenommen Cornelius D. uns Deutschen gegenüber war. Das war für mich eine ganz neue Erfahrung. Ich arbeitete damals an einem amerikanischen Militärhospital, wo ich zwar gut verdiente und wo mir nichts abging, aber alle »Amis«, wie wir sie nannten, waren derart überheblich und arrogant uns Deutschen gegenüber, daß man sich wirklich wie der letzte Dreck vorkommen mußte. Ein Amerikaner wie Cornelius D. war daher für mich eine ganz neue Erfahrung. Seine Haltung imponierte mir so sehr, daß ich beschloß, wenn ich einmal verheiratet wäre und Söhne bekäme, dann sollte der erste Cornelius heißen.

Das geschah denn auch, und unser Ältester, Cornelius, ist genau so ein toleranter, guter Mensch geworden, wie sein Vorbild, das er nie kennengelernt hat.

Schwester Annemarie

Sie war unsere Operationsoberschwester. Trotz ihrer Diakonissentracht sah sie aus wie eine behäbige Großbäuerin aus dem Schwäbischen. Und sie stammte auch tatsächlich von einem Bauernhof bei Neckarrems.
Unsere Operationssäle lagen im obersten Stockwerk des Krankenhauses. Die Fenster, welche eine ganze Wand einnahmen, waren bis über Augenhöhe aus Milchglas, also undurchsichtig. Warum, war mir nie klargeworden, denn von außen hereinschauen konnte niemand, da alle Häuser der Nachbarschaft niedriger waren, und weshalb wir Ärzte und Schwestern nicht einen Blick in das satte Grün der Parkbäume haben sollten, erschien uns beinahe sadistisch. Nach oben waren die Fenster aus klarem Glas, so konnten wir wenigstens feststellen, wie das Wetter war.
Mir sorgenvollem Blick schaute Schwester Annemarie morgens hinaus und seufzte: »Ach, ach, jetzt regnet es, und daheim sind sie bei der Heuernte, da brauchen sie doch gutes Wetter und Sonne, damit das Gras trocknen kann!« War Sonnenschein, dann seufzte sie: »Immer noch kein Regen! Da wird es dieses Jahr kleine Kartoffeln geben, die brauchen jetzt Wasser!« Gewitterte es und Hagelschlossen prasselten nieder, dann seufzte sie: »O je, jetzt ist die ganze Getreideernte futsch!« Dabei bedachte die Gute gar nicht, daß wir in einer Großstadt lebten, die Hunderte von Kilometern von ihrem Heimatort entfernt war, und daß dort vielleicht ganz anderes Wetter sein könnte.
Ihren Jahresurlaub nahm sie grundsätzlich zur Erntezeit, damit sie daheim auf dem elterlichen Hof mithelfen konnte, und sie kam auch braungebrannt nach Hause, als ob sie die ganze Zeit an der See am Strand gelegen hätte.
Einmal fragte ich sie: »Sagen Sie mal, Schwester Annemarie, Sie leben ja mit Leib und Seele auf dem Bauernhof. Wieso sind Sie denn ausgerechnet Diakonisse geworden und haben nicht einen jungen Bauern geheiratet?«

»Ach, wissen Sie«, gab sie zur Antwort, »das wäre auch nix für mich gewesen. Mir hat von Jugend auf der Sinn nach Sensationen gestanden, daheim auf dem Dorf erlebt man ja nichts!«

»Und weil es Sie nach Sensationen gelüstete, sind Sie ausgerechnet Diakonisse geworden? Komisch, nicht?«

»Nun, wieso denn? Hier im Ope erlebe ich doch alle Tage genügend Sensationen, oder etwa nicht?« Trotzdem war sie eine echte Diakonisse. Imponiert hat mir am meisten, daß sie nicht gesagt hat: »Ich bin Diakonisse geworden, weil ich dem Herrn Jesus dienen wollte.« Solch eine Ehrlichkeit ist einfach umwerfend, finde ich.

Unsere Klinik war ein sogenanntes Belegkrankenhaus. Es hatte außer mir als Hausassistent, was etwa einem Oberarzt ohne dessen Bezahlung entspricht, keine angestellten Ärzte und auch keine geschlossenen Abteilungen, also Chirurgie, Gynäkologie, Urologie, Hals-Nasen-Ohren etc., sondern alle Ärzte der verschiedenen Fachrichtungen hatten in der Stadt ihre Praxis und operierten ihre eingewiesenen Patienten selbst. Sie mußten bei der Verwaltung jeweils um ein Bett kämpfen – ja, ich sage kämpfen, denn die Ärzte trugen einen erbitterten Kampf um jedes freiwerdende Bett aus, und wer bei der Oberschwester die beste Nummer hatte, bekam ein Bett, die anderen mußten warten, bis einmal weniger Patienten eingewiesen wurden, als Betten verfügbar waren, was selten genug vorkam. Daher lagen auch Patienten aller Fachrichtungen bunt durcheinander in den Krankenzimmern.

Von Montag bis Freitag wurde von 7 bis 13 oder 14 Uhr in zwei Operationssälen fortlaufend operiert, wobei ich als Haus- oder Oberassistent bei allen größeren Eingriffen die erste Assistenz zu leisten hatte oder aber unter Anleitung des betreffenden Arztes selber operierte. Manche der Ärzte waren kleinlich oder ängstlich und machten alles selber, ließen einen nicht einmal die Fäden knüpfen, so daß man nur die Sperrhaken halten durfte, andere sagten: »Los, operieren Sie, Sie sollen's ja lernen, ich halte Ihnen den Bauch offen und passe auf, daß nichts passiert.« Und das war die Mehrzahl, so daß ich in verhältnismäßig kurzer Zeit auf allen Gebieten beschlagen war, was mir später bei meiner Tätigkeit als »Buschdoktor« sehr zugute kam.

Da ich aber als einziger Arzt am Krankenhaus wohnte, während die Belegärzte in ihren Sprechstunden beschäftigt waren, so kam es öfters vor, daß ich bei einem eingelieferten Notfall den Arzt anrufen mußte. Dann, oder auch des Nachts, hieß es gewöhnlich: »Machen Sie es nur, ich kann jetzt nicht weg, Sie können das!« Und bevor ich noch etwas sagen konnte, war der Hörer schon wieder aufgelegt.

Angstschlotternd sagte ich beim Waschen zu Schwester Annemarie: »Ich habe das noch nie gemacht, ich kann das nicht.« Und sie darauf: »Ach was, einmal ist immer das erste Mal, und wenn ich dabei bin, kann überhaupt nichts passieren. *Sie* können operieren, und *ich* weiß alles und gebe Ihnen das richtige Instrument in die Hand und sage Ihnen, wie es weitergeht, wenn Sie es nicht wissen. Sie wollen doch als Missionsarzt in den Busch, meinen Sie nicht, daß da auch Sachen vorkommen, die Sie noch nie gemacht haben? Los, los, keine Müdigkeit vorschützen!«

»Wenn Sie alles wissen, dann operieren Sie doch«, sagte ich.

»Ich habe gesagt, daß ich alles *weiß*, nicht daß ich alles *kann*, ich bin Schwester und kein Chirurg, ich kenne meine Grenzen«, meinte sie, und wir operierten drauflos, und wenn alles gutgegangen war, hieß es: »Sehen Sie, Sie habens gekonnt!« Und ich bekam anderntags vom Arzt ein großes Lob.

Wie oft habe ich in den Jahren im Busch an die gute Schwester Annemarie denken müssen, wenn ich eine Operation zu machen hatte, die ich noch nie gemacht oder gesehen hatte. Sie hat mir Mut gemacht, etwas zu wagen, und ich habe sie bis heute nicht vergessen!

Modestine, Liboria, Hermine, Eustachia, Ildefons

Während meiner Assistentenzeit arbeitete ich in meiner Heimatstadt an einem katholischen Krankenhaus, das von Nonnen geleitet wurde. Damals gab es in den Klöstern anscheinend noch genügend Nachwuchs, denn an unserem Krankenhaus waren ausschließlich Nonnen tätig, keine einzige zivile Krankenschwester.

Owohl ich nicht katholisch war, kam ich doch glänzend mit den Nonnen aus. Es waren Vinzentinerinnen mit den damals noch üblichen riesigen Hauben, die zwar malerisch aussahen, aber doch beim Arbeiten schrecklich störend waren.

Freizeit gab es für die Nonnen so gut wie nicht, denn der Dienst ging, von einer kurzen Mittagspause abgesehen, von 7 Uhr bis 19 oder 20 Uhr. Früh um 6 Uhr war ihre Morgenandacht in der Krankenhauskapelle, und abends nach Dienstschluß war das Abendgebet obligatorisch. Man kann also sagen, daß ihr Leben aus beten, arbeiten und schlafen bestand.

Was mich an ihnen am meisten beeindruckte, war ihre unentwegte Heiterkeit und Fröhlichkeit. Den ganzen Tag gab es für sie irgend etwas zu lachen, und man hätte meinen können, das Klosterleben sei das lustigste auf der Welt. Ich glaube, in meinem ganzen langen Leben habe ich nirgends so viel gelacht wie bei den Nonnen!

Natürlich waren auch sie spezialisiert auf verschiedene Arbeitsgebiete: Operationsschwester, MTA (Laborantin), Stationsschwester, Röntgenassistentin, Büroschwester und so fort. Aber ein großer Unterschied zu Zivilschwestern war der, daß sie, wenn sie mit ihrer eigentlichen Arbeit fertig waren, nicht etwa »Feierabend« hatten, sondern es arbeitete jede da weiter, wo sie gerade gebraucht wurde. Wenn Sr. Hermine und Liboria, die beiden Operationsschwestern, nach dem Operieren alles aufgeräumt, ihre Instrumente gesäubert und sterilisiert und die Wäschepakete gepackt hatten, war es gewöhnlich Zeit, auf der Krankenstation die Betten zu machen. Das taten sie zusammen mit Sr. Modestine, der Stationsschwester, und während sie es taten, sangen sie den Patienten dreistimmige Lieder vor, nicht etwa lauter fromme, nein, auch Volkslieder, Kanons und dergleichen. Eines davon ist mir besonders in Erinnerung geblieben:

»Wie fein und lieblich, wenn unter Brüdern,
wenn unter Schwestern die Eintracht wohnt!
Wenn Hand in Hand durchs schöne Land
des Lebens alle geh'n
da ist es noch einmal so schön,
wo wir sie wandeln seh'n.
Da möcht' ich wohnen, da möcht' ich bleiben,
und wär's ein Hüttchen, nur arm und klein.
Wo Liebe ist, o da vergißt man gern ein and'res Gut,
da ist man reich und frohgemut
bei allem, was man tut.
O Eintracht, Liebe, laßt stets euch finden
wo Brüder wohnen, wo Schwestern sind!
Verlasset sie im Leben nie, daß sie sich nie entzwei'n
und alle miteinander geh'n
zum schönen Himmel ein.«

Aber das Allerschönste war, daß sie es nicht nur *sangen*, sondern auch *praktizierten*!
Voller Wehmut denke ich an die Zeiten zurück, wo jede Schwester ihre bestimmte Anzahl von Patienten zu pflegen hatte, und wo jeder Patient beim Verlassen des Krankenhauses sagen konnte: »Die und die Schwester hat mich gesund gepflegt.« Damals war Schwester sein kein Beruf, sondern eine Berufung, ein Stand.
Bei der heutigen Gruppenpflege erlebt man als Patient im Krankenhaus ein dauerndes Rein und Raus, Tür auf, Tür zu, und zehn oder mehr Schwestern kommen, jede macht einen

anderen Handgriff, so daß man sie kaum beim Namen kennt.

Das Trio Modestine, Liboria und Hermine ist bald nach meinem Weggang auseinandergerissen worden, da jede von ihnen an einem anderen Krankenhaus eingesetzt wurde, und ich bin sicher, daß sie wundervolle Oberinnen waren.

Schwester Eustachia war, was weiß ich aus welchem Grund, Dauernachtschwester, und zwar, man stelle sich so etwas heute noch vor, als einzige an einem Krankenhaus mit drei Stationen zu zweimal 40 und einmal 20 Betten in drei Etagen! Das war schon damals, wo die Medizin noch nicht so hochtechnisiert war wie heute, etwas Außergewöhnliches. So war es denn kein Wunder, daß die gute Eustachia, um ihrer Aufgabe einigermaßen gerecht zu werden, sich eine ganz bestimmte Methode ausgedacht hatte. Klingelte ein neuer Patient, um zu sagen: »Ich muß mal«, dann stellte sich Sr. Eustachia mit erhobenem Zeigefinger vor ihn hin und sagte sanft, aber bestimmt: »Jetzt hören Sie mir mal *gut zu*, was ich Ihnen sage: ›So etwas macht ein anständiger Mensch *immer* bei Tag, *niemals* bei Nacht. Das war heute das erste Mal und es soll hiermit auch das letzte Mal gewesen sein, ist das klar?‹«

Oft stürzte sie mitten in der Nacht, ohne anzuklopfen, in mein Assistentenzimmer, das, wie damals allgemein üblich, zugleich Dienst- und Privatwohnzimmer war, und schrie: »Herr Doktor, Frau Maier in Zimmer 14, kommen Sie ganz schnell ...«, und ehe man sie schlaftrunken fragen konnte, was denn los sei, war sie auch schon auf und davon. Wenn ich dann, schnell den Arztkittel über den Schlafanzug geworfen, hinuntersauste in den ersten Stock und bei Frau Maier fand, daß ihr *nichts*, aber auch rein *gar nichts* fehlte, und wenn ich Sr. Eustachia zur Rede stellte, dann meinte sie ganz unschuldig: »So? Ich hab gemeint, sie stirbt, sie hat gar nichts mehr gemacht, als ich nach ihr gesehen hab, keine Regung, kein Puls, nichts!«

Und dabei hatte Frau Maier schön und gesund geschlafen!

Sr. Ildefons, von ihrem Männernamen, den sie bei ihrer Einsegnung verpaßt bekommen hatte, nicht gerade begeistert, »aber da kann mer halt nix mache, gell, i hab en halt 'kriegt«, war unsere Pfortenschwester und hatte stets eine überschäumende gute Laune. Sie lachte den ganzen Tag, sie lachte über jeden Käsdreck, und sie steckte andere mit ihrem Gelächter förmlich an. Keiner hätte glauben können, ihr Nonnenleben sei ein Leben der Selbstaufopferung und Selbstaufgabe. Einmal rannte ich, von ihrem schallenden Gelächter angelockt, während meiner Visite auf der Station schnell rüber zur Pforte, um zu sehen, was es zu lachen gebe. »Was gibt's denn wieder?« fragte ich. Und sie brachte, von Lachsalven geschüttelt, stoßweise heraus:
»Die Schwester Oberin ... hahaha! Die Schwester Oberin hat ... hahaha! Die Schwester Oberin hat heute morgen ... hahaha! Die Schwester Oberin hat heute morgen ihren Kragen ... hahaha! ihren Kragen verkehrt rum angehabt, hahahaha!«
Bei der Nonnentracht hatten die Vinzentinerinnen einen steifgestärkten großen Tellerkragen um. Der Schlitz mußte hinten sein, der Teller vorn, und die Oberin hatte offenbar nicht bemerkt, daß sie in diesem *unmöglichen Aufzug* in die Frühmesse gekommen war! Und ich dachte bei mir: »Wie schön, wenn man über so etwas *so* lachen kann!« Macht es unser Leben nicht viel leichter? Sr. Ildefons hatte inzwischen mich und noch einige andere mit ihrem Gelächter angesteckt, und so hatten wir das schönste Lachkonzert, alles nur wegen »der Oberin ihrem Kragen«!
Sr. »Urinaria« verdankte ihren unheiligen Namen natürlich nicht dem Kloster, sondern uns frechen jungen Spunden von Assistenten. Sie war nämlich unsere MTA, unsere Laborschwester. Ihren richtigen Namen weiß ich überhaupt nicht mehr. Aber auch sie hatte Humor und drohte uns höchstens schelmisch mit dem Finger, wenn wir sie so titulierten. Auf jeden unserer Wünsche ging sie sofort ein, da war nichts von den alten Drachen, die MTAs manchmal sein können.

Für mich war's eine schöne Zeit am St. Trudpert-Krankenhaus, und ich denke gerne an sie zurück. Später, als ich in der Mission tätig war, schickten mir die Nonnen Pakete mit Medikamenten und Instrumenten, und das, obwohl ich bei der evangelischen »Konkurrenz« tätig war!

Familie L.

Wenn Missionsarbeiter auf Heimaturlaub fahren, dann ist dies kein Erholungsurlaub, wie man vielleicht denken könnte, oder höchstens ein ganz kleiner Teil davon. Vielmehr geht es auf Vortragsreise, die dem Zweck dient, das Interesse für die Mission zu wecken oder wachzuhalten und Geld zu sammeln. Diese Reisen sind sehr anstrengend, so daß man sich, aufs Missionsfeld zurückgekehrt, erst einmal vom »Urlaub« erholen muß.

Man kann dabei aber auch viele interessante Menschen kennenlernen, die einen tiefen Eindruck hinterlassen, so daß man sie nie mehr vergißt. So die Familie L.

Ich war von einer Gemeinde in der Pfalz eingeladen, in einer Stadt, welche für ihre vielen Schuhfabriken bekannt ist. Wie üblich, war ich bei einer Familie dieser Gemeinde zum Abendessen und zum Übernachten eingeladen, da es nach dem Vortrag zu spät war, um noch einen Zug in meinen Heimatort zu bekommen.

Der Ehemann holte mich vom Bahnhof ab und brachte mich in seinem Wagen, einem luxuriösen Mercedes, nach seinem Zuhause. Wie staunte ich über die herrschaftliche Villa, so etwas war ich gar nicht gewohnt. Dabei war sie aber weder von außen her, noch im Innern protzig, sondern einfach nur geschmackvoll. Die Hausfrau hieß mich aufs herzlichste willkommen, und nachdem wir uns eine Weile über mein Woher und Wohin unterhalten hatten, wurde zu Tisch gebeten. Wir waren fünf: Das Ehepaar, zwei stattliche Söhne im Gymnasiastenalter und ich. Der Tisch war aber mit 7 Ge-

decken gedeckt, fünf Teller waren aus kostbarem Porzellan, zwei aus Steingut mit dem Aufdruck: »Gasthof goldener Adler«.
»Nanu«, dachte ich, »haben solche Leute es nötig, im Gasthaus Geschirr mitgehen zu lassen?« Die Hausfrau sah mir meine Gedanken an und meinte: »Nicht wahr, Sie wundern sich über die beiden Teller? Die haben ihre eigene Geschichte, die ich Ihnen nachher erzählen will. Jetzt wollen wir aber zuerst einmal essen, Sie sind sicher schon hungrig.«
Der Hausvater sprach das Tischgebet, das wir auch seit unserer frühesten Kindheit beten: »Komm, Herr Jesu, sei unser Gast und segne, was du uns bescheret hast.«
Ich wurde aufgefordert, tüchtig zuzugreifen, und während wir aßen, erzählte mir die Hausfrau, was für eine Bewandtnis es mit diesen beiden Tellern hatte.
»Unsere ganze Stadt«, sagte sie, »war im Kriege fast völlig von Bomben zerstört worden. Auch unsere Fabrik, eine Schuhfabrik wie alle hier, war nur noch ein Trümmerhaufen. Von unserem Privathaus blieben gerade noch die Außenmauern stehen, im Innern war ebenfalls alles zerstört. Nichts war uns geblieben, keine Möbel, kein Geschirr, kein Besteck, keine Betten, rein nichts. Und zu kaufen gab es ja damals nichts, wie Sie selber sicher noch wissen, es sei denn, man hatte etwas zu ›kompensieren‹, wie man so schön für den verbotenen Tauschhandel sagte, der damals florierte. Zwar hatten wir noch Schuhe von der Fabrik, die irgendwo auf einem Dorf in einer Scheune verlagert waren. Aber die mußten, wenn überhaupt, gegen Baumaterial für den Aufbau der Fabrik verwendet werden, denn der war ja nicht nur für uns, sondern auch für die paar hundert unserer Arbeiter samt ihren Familien wichtiger als alles andere. Mein Mann war damals noch in Kriegsgefangenschaft. Nun, aber von irgend etwas mußten wir ja essen, in irgendwelchen Töpfen das Essen kochen in der Notunterkunft, die ich für uns im Keller unseres zerstörten Hauses eingerichtet hatte. Ich stamme aus

einem Dorf in der Nähe, und meine Eltern hatten dort eine Gastwirtschaft ›Zum goldenen Adler‹. Dorthin ging ich erst einmal, als bei uns alles zerstört war. Nachdem der Bombenbrand gelöscht und der Rauch verzogen war, wollte ich so schnell wie möglich nach Hause, um an den Wiederaufbau bzw. die Trümmerbeseitigung zu gehen. ›Nimm erst einmal ein paar von unseren Wirtshaustellern und unserem Besteck mit‹, sagte meine Mutter, ›es ist zwar alles einfach, aber für den Anfang geht es schon.‹ Auch zwei Bettstellen samt Matratzen, Bettdecken und Wäsche gab sie mir, einen einfachen Wirtshaustisch und die dazugehörigen Stühle, und mit einigen unserer Arbeiter luden wir alles auf einen Handkarren, den einer vorne zog und den ich hinten schob, denn unser Auto und alle Fabriklastautos lagen unter den Trümmern begraben. Nachdem wir ein paarmal solche Fuhren hin und her gekarrt hatten, richtete ich mich notdürftig im Keller ein. Der Aufbau war nicht leicht, das dürfen Sie mir glauben, wir haben geschuftet wie die Tiere. Abends war ich oft so müde, daß ich kaum noch Lust zum Kochen und Essen hatte. Aber mein Mann sowohl wie ich stammen aus christlichen Elternhäusern und waren es gewohnt, morgens und abends unsere Andacht mit Bibellese und Gebet zu halten, und so hielt ich es auch jetzt in meiner Ruine, selbst wenn ich noch so müde war. Und das gab mir immer wieder Kraft und Mut. O wie froh und dankbar war ich für diesen Schatz, den mir meine Eltern mit auf den Lebensweg gegeben hatten! Einmal, als ich so ganz am Boden lag und mutlos werden wollte, stand auf dem Kalenderzettel der Spruch: ›Wirf dein Anliegen auf den Herrn, der wird dich versorgen und wird den Gerechten in Ewigkeit nicht wanken lassen‹, und als Tageschoral war das Lied ›Lobe den Herren, den mächtigen König der Ehren‹ angegeben. Als ich zu der Strophe kam: ›In wieviel Not hat nicht der gnädige Gott über dir Flügel gebreitet‹, da habe ich plötzlich gewußt, daß auch *ich* nicht zu verzagen brauche und daß auch *ich* trotz allem noch viel Grund zum Danken hatte. Und ich hatte auch auf einmal das untrügliche Gefühl,

daß mein Mann, von dem ich ja überhaupt nichts wußte, noch am Leben war und daß er wieder gesund nach Hause kommen würde aus der Kriegsgefangenschaft.
Mein Mann kehrte 1946 unversehrt aus der Gefangenschaft heim, und als wir gemeinsam die Fabrik und unser Wohnhaus wieder aufgebaut hatten, als es nach der Währungsreform wieder alles zu kaufen gab, so daß wir die Teller und das Besteck vom ›goldenen Adler‹ nicht brauchten, da sagte ich zu meinem Mann: »Weißt du was? Wir lassen diese Teller alle Tage auf unseren Tisch stellen, damit wir niemals vergessen, wie schlecht es uns einmal gegangen ist und *wie* gut es uns jetzt geht. So vergessen wir auch das Danken nicht. Das ist die Geschichte der beiden Teller.«
Als wir gegessen hatten, betete der Hausherr: »Danket dem Herrn, denn er ist freundlich und seine Güte währet ewiglich.«
Für uns war es Zeit, in die Kirche zu gehen, die zum Platzen voll war und ein Missionsopfer brachte, wie ich es noch nie erlebt hatte. Die Familie L., meine Gastgeber, übergab mir dazu noch einen namhaften Scheck.
Aber nicht dieser war der Grund, warum ich sie nicht vergessen habe, sondern die Geschichte von den beiden Tellern.

Gerlinde

Selten in meinem Leben habe ich einen Menschen gesehen, der von der Natur so stiefmütterlich behandelt worden wäre, aber noch nie bin ich einem Menschen begegnet, der sein widriges Schicksal so zielbewußt selbst in die Hand genommen und gemeistert hätte wie Gerlinde.
Sie war als Älteste von drei Kindern ihrer Eltern in einer volksdeutschen Kolonie in Südamerika geboren. Daß ihr Vater ein Alkoholiker war und die Mutter als Brotbäckerin den Unterhalt für die Familie verdienen mußte, war schon schlimm genug. Daß ihre jüngste Schwester geistig und kör-

perlich schwer behindert war und von ihr versorgt werden mußte, da die Mutter keine Zeit dafür hatte, war noch schlimmer.

Am schlimmsten aber war, daß sie, mit hoher Intelligenz und mit einer wunderschönen Sopranstimme ausgestattet, körperlich so schmählich behandelt wurde, daß jeder, der sie zum erstenmal sah, nur Mitleid haben konnte. Klein und zierlich von Statur, sah sie mit 17 Jahren, als ich ihr zum erstenmal begegnete, aus, als ob sie eine alte Frau sei. Gesicht, und vor allem der Hals, waren voller Runzeln und Falten. Dazu schielte sie auf dem einen Auge ganz gewaltig.

Unsere erste Begegnung hatten wir mit ihr, als sie meiner Frau, welche nach der Geburt unseres ersten Sohnes schwer erkrankt war, des Nachts ein Ständchen mit einem für uns damals wirklich trostreichen Lied brachte, wie es in jener Kolonie üblich war für jemanden, den man liebte und verehrte.

Danach kam sie, als es meiner Frau wieder besser ging, öfters zu uns und wir lernten ihre häuslichen Verhältnisse kennen. Sie selber besuchte damals das Lehrerbildungsseminar, das sich an den Abschluß der zehnklassigen Zentral(Real)schule anschloß. Die Lehrerausbildung dauerte zwei Jahre und war ausschließlich in deutscher Sprache, da spanisch damals in der Kolonie noch kaum gesprochen wurde. Schon mit 18 Jahren konnte also einer ein fertiger Lehrer sein. Die Stellenbesetzung wurde nicht von der Kolonieleitung zentral geregelt, sondern jedes der weit im Busch verstreuten Dörfer suchte sich seinen Lehrer selber und der wurde immer nur für ein Jahr »gemietet«, ein Ausdruck, der mich immer sehr gestört hat, der aber dort selbstverständlich war, und an dem niemand Anstoß nahm. War man nicht mit dem Lehrer zufrieden, dann wurde er am Ende des neunmonatigen Schuljahres einfach nicht neu »gemietet«. Keine Kündigung, nichts.

Nachdem die Studenten des Lehrerseminars ihr Examen abgelegt hatten und in der Kirche für ihren Beruf eingesegnet

waren, so wie das übrigens auch bei Krankenschwestern üblich war, kamen die Dorfschulzen der Dörfer, die einen neuen Lehrer »mieten« wollten, ins Städtchen, um sich unter den Absolventen einen auszusuchen.
Als nun von Gerlindes Jahrgang alle unter Dach und Fach waren, blieb allein sie als einzige übrig und hatte keine Stelle. Drei Gründe gab es dafür: Erstens war sie ein Mädchen (niemand hätte eine unverheiratete Frau als Frau bezeichnet), zweitens sah sie rein äußerlich so unvorteilhaft aus, drittens war sie die Tochter vom Säufer, was natürlich jedermann wußte. Dafür konnte zwar sie ja nichts, aber es war doch ein Makel, der auf ihr lastete.
Was nun? Ein Ausweg blieb ihr: die Nachbarkolonie, die vor ein paar Jahren von Rußlandflüchtlingen, welche nach dem Zweiten Weltkrieg mit der zurückflutenden deutschen Armee nach Deutschland gekommen waren, gegründet worden war. Meistens waren die Männer in Rußland vermißt oder gefallen, so daß es ganze Dörfer gab, die nur von Frauen mit kleinen oder halbwüchsigen Kindern besiedelt waren, die den Busch roden mußten, um Land für den Anbau von Baumwolle und Erdnüssen, Bataten und Mandioka zu haben. Von der Härte dieses Lebens und der Armut dieser Witwen und Waisen kann man sich gar keine Vorstellung machen. Daher hatten die auch keine große Wahl, wenn sie einen Lehrer brauchten, denn bezahlen konnten sie so gut wie nichts – es gab keinen festen Tarif für ein Lehrergehalt, dieses wurde mit jedem einzelnen ausgehandelt – und außerdem, wer wollte schon in diese Einöde ziehen, wo die wilden Tiere wie Jaguare, Pumas, Tapire, Straußenvögel und jede Menge von giftigen Schlangen hausten? Da war der Dorfschulze bzw. die Dorfschulzin schon froh, wenn sie überhaupt jemanden fanden. Gerlinde blieb keine andere Wahl, sie wollte ihr erlerntes Wissen anwenden und außerdem wollte sie ihrer Mutter nicht länger auf der Tasche liegen. So fand sie ihre erste Stelle, es war ein kleines Dorf am Ende der Welt, in dem nichts, aber auch rein gar nichts los war. In

Halbstadt, dem Koloniezentrum, war wenigstens etwas mehr los. Die Gottesdienste wurden in der dortigen Schule abgehalten und es gab einen Chor, das war schon einmal etwas. Nur: Wie sollte sie dahin kommen? Ein Auto hatte niemand, sie hatte auch kein Fuhrwerk mit Pferden wie die anderen, und jedesmal jemanden bitten, sie nach Halbstadt zu fahren, wollte sie nicht.

Die Dorfschulzin – es gab in dem ganzen Dorf nicht einen einzigen Mann, nur Kriegswitwen mit Kindern –, mit der Gerlinde das Problem besprach, bot ihr an, ihr eines von ihren Pferden zum Reiten zu leihen, falls sie es sich zutraute, allein nach Halbstadt zu reiten. Das war freilich für Gerlinde, im Busch aufgewachsen, kein Problem. Die Kinder dort können alle fast so früh reiten wie sie laufen lernen. Nur eines war problematisch: Gerlinde wollte ja bei Nacht dorthin reiten, und das war wegen der wilden Tiere im Busch doch etwas riskant. In den Tropen wird es schon um 18 Uhr dunkel. Trotzdem machte sie einen Versuch. Als sie aber in stockfinsterer Nacht so mutterseelenallein durch den Busch ritt auf ihrem ungesattelten Pferd, den schier betäubenden Lärm der Ochsenfrösche und der Myriaden von Zikaden, die Schreie der wilden Tiere in den Ohren, wurde es ihr doch ein wenig bang zumute, und zwar hauptsächlich deshalb, weil sie die Reaktion des Pferdes nicht kannte und fürchten mußte, es werde scheu und würde mit ihr davonrasen, wobei sie ohne Sattel und Steigbügel mit Sicherheit abgeworfen würde. Obwohl es bei diesem ersten Ritt gutging, wagte sie es doch kein zweites Mal, den nächtlichen Ritt allein zu machen. Die Dorfschulzin versprach, beim nächsten Mal ihren 16jährigen Sohn mitzugeben, und so ritten die beiden von da an jede Woche gemeinsam zur Chorübstunde, und der Bursche bekam sogar auch Lust, mitzusingen.

Das erste Schuljahr brachte Gerlinde gut hinter sich, aber ihr war doch klar geworden, daß dies keine Zukunft für sie sein würde.

Bei einem Besuch, den sie uns nach Schuljahresende machte,

gestand sie uns ein, daß sie aus ihrem Leben einfach etwas anderes machen wolle, sie wisse nur nicht wie.

»Wie wär's denn, wenn du nach Deutschland gingest?« fragte ich.

»Nach Deutschland? Ach, das wäre mein Traum! Aber wie soll ich das anstellen? Ich kenne ja dort keinen Menschen, ich hätte noch nicht einmal das Geld für die Überfahrt. Und was sollte ich dort tun, wovon sollte ich leben?«

»Das wichtigste ist, daß du einen deutschen Paß besitzt. Alles andere läßt sich dann schon irgendwie regeln«, sagte ich.

Ich hatte kurz zuvor eine Großaktion gestartet, die bis dahin staatenlosen Rußlandflüchtlinge in Deutschland einbürgern zu lassen. Die Eltern von Gerlinde hatten auch an dieser Aktion teilgenommen, und so war nach deutschem Recht Gerlinde als Kind deutscher Eltern ebenfalls deutsche Staatsbürgerin, obwohl in Paraguay geboren und nach paraguayischem Recht Paraguayerin, also zweitstaatlich. Sie konnte sich auf dem deutschen Konsulat einen deutschen Paß ausstellen lassen und ohne weiteres nach Deutschland reisen. Dort hätte sie natürlich auch keinerlei Schwierigkeiten, die Aufenthalts- und Arbeitsbewilligung zu bekommen.

Ich schrieb also an die Oberin meines früheren Krankenhauses, ob es möglich sei, ein junges Mädchen, Volksdeutsche aus Paraguay, am Krankenhaus als Stationshilfe zu beschäftigen, so lange, bis geklärt sei, was sie weiter tun könne. Sie sei eine Volksschullehrerin, deren Ausbildung natürlich in Deutschland nicht anerkannt werde. Ob sie dann vielleicht auch im Personal- oder Schwesternbau wohnen und dort verpflegt werden könne? Die Antwort ließ nicht lange auf sich warten, und sie fiel positiv aus in jeder Hinsicht. Gerlinde fiel uns schier um den Hals, als sie es erfuhr.

Ich hatte mittlerweile schon einige Erfahrungen mit Augenoperationen, so fragte Gerlinde, ob ich ihr das Schielauge

nicht operieren könne, sie möge nicht länger so »scheel kieken«, schon gar nicht in Deutschland, wo keiner sie kenne.
Bei dieser Schieloperation kommt es darauf an, den einen Muskel zurückzusetzen und den anderen vorzusetzen. Handelt es sich um Einwärtsschielen, dann muß man höllisch aufpassen, daß man die Korrektur nicht ins Gegenteil verkehrt, so daß der Patient hinterher auswärts schielt, was viel, viel unschöner ist, als das vorherige Einwärtsschielen. Lieber läßt man es darauf ankommen, später noch eine kleine Korrektur vorzunehmen. So machten wir es auch bei Gerlinde, ich erklärte es ihr vorher, damit sie nachher nicht zu enttäuscht wäre, wenn sie nicht völlig geradeaus sähe.
Tatsächlich schielte sie nach der Operation noch ein ganz klein wenig einwärts. Wir nahmen uns vor, später noch die kleine Korrekturoperation vorzunehmen. Dazu kam es aber nicht mehr, denn inzwischen waren die Reisevorbereitungen schon so weit vorangeschritten, daß nichts und niemand sie mehr aufhalten konnte. Einige ihrer vielen Onkel hatten ihr die Reisekosten vorgestreckt – wohlgemerkt nicht geschenkt, und so fuhr Gerlinde mit geschwellten Segeln ab nach Deutschland, in das große Abenteuer ihres Lebens.
In Frankfurt war alles so weit vorbereitet und geregelt, so daß kein Risiko für sie dabei war. Ihren Lebensunterhalt verdiente sie sich als Stationshilfe, sprich Putzfrau, damit war sie auch krankenversichert, und Essen und Wohnung hatte sie ebenfalls für ein mäßiges Entgelt beim Krankenhaus. Zunächst ließ sie sich ihre kleine Schiel-Nachoperation machen, was an »ihrem« Krankenhaus leider nicht möglich war, da es dort keine Augenstation gab. Die Operation fiel gut aus, zum erstenmal in ihrem Leben guckte sie geradeaus, welch ein herrliches Gefühl für sie!
Danach suchte sie einen Spezialisten für plastische Chirurgie auf, um sich zu erkundigen, ob man bei ihr etwas gegen ihre vielen Runzeln und Falten machen könne. Als der Chirurg bejahte, stand ihr Entschluß fest, sich »liften« zu lassen. Lei-

der sagte er ihr aber auch, daß solch eine Operation sehr teuer sei, da die Krankenkasse die Kosten nicht übernähme, denn es sei ja nur eine »Schönheitsoperation«.
Sie erzählte ihm, wie sehr sie seit ihrer Kindheit darunter gelitten habe, daß sie wie eine alte Frau ausgesehen habe, und daß sie sich lieber das Geld für die Operation vom Mund absparen wolle, als noch länger so herumzulaufen. Im Gespräch erfuhr er dann, daß sie erst 20 Jahre alt sei, aus Paraguay komme, von Beruf Lehrerin sei, diesen Beruf aber in Deutschland nicht ausüben könne, und sich ihr Brot als Putzfrau im Krankenhaus verdiene.
Diese Geschichte muß ihn so gerührt haben, daß er ihr versprach, sie umsonst zu operieren, so daß sie nur die Krankenhauskosten zu bezahlen hätte. Gesagt, getan. Die Operation war ein voller Erfolg. Aus dem ehemals »häßlichen Entlein« war zwar kein stolzer Schwan geworden, dafür war sie zu klein. Aber sie sieht heute noch, mit über 60 Jahren, jünger aus als damals vor ihrer Liftung. Das gab ihr natürlich ein gewaltiges Selbstbewußtsein. Nun ging sie daran, ihre berufliche Laufbahn vorzubereiten, denn natürlich hatte sie nicht die Absicht, Putzfrau zu bleiben. Sie erkundigte sich also zunächst einmal auf dem Ministerium, welche Bedingungen sie zu erfüllen hätte, um in Deutschland als Lehrerin arbeiten zu können. Zunächst einmal: Abitur. Daran führte kein Weg vorbei. Sie meldete sich also auf der Abendhochschule an, und sie büffelte mit einem Fanatismus in ihrer ganzen Freizeit, so daß sie das Abitur in einem einzigen Jahr schaffte, und das wohlgemerkt neben ihrer vollzeitlichen Arbeit als Stationshilfe.
Nach bestandenem Abitur bewarb sie sich um einen Studienplatz auf der pädagogischen Hochschule. Sie bekam Bafög und konnte so ihre Arbeit am Krankenhaus aufgeben, die ja sowieso nur als Übergang geplant gewesen war. Daß sie die Lehrerausbildung ohne weiteres schaffte, war ein Beweis dafür, daß sie doch in der Kolonie in Paraguay auf dem Lehrerseminar etwas gelernt hatte!

Nach dem Examen bekam sie auch sofort eine Anstellung als Lehrerin, damals war zum Glück noch keine Einstellungssperre wie später, so daß sich ihre Mühe und Zielstrebigkeit gelohnt hatte. Trotz ihrer kleinen Figur hatte sie mit ihren Schülern disziplinarisch überhaupt keine Schwierigkeiten. Das mochte an ihrer frischfröhlichen Art liegen, aber zum Teil sicher auch daran, daß sie, im Busch geboren und unter wilden Indianern aufgewachsen, so viel Interessantes zu erzählen hatte.

So hatte ihr Leben bis dahin einen durchaus positiven Verlauf genommen, alle Anstrengungen waren von Erfolg gekrönt gewesen. Aber nun kam erst noch der Clou: Sie lernte einen sehr gut aussehenden Mann in guter Position kennen, dem offenbar ihre ganze Lebensgeschichte so sehr imponierte, daß er sich, obwohl um einige Jahre jünger und mindestens 30 cm größer als sie, in sie verliebte. Sie selber hätte sich früher nicht einmal im Traum einfallen lassen, je so einen Mann zu bekommen, und so sagte sie auf seine Frage, ob sie ihn heiraten wolle, freudig ja. Sie bauten sich nach ihrer Hochzeit ein wunderschönes Einfamilienhaus, schon eher eine Villa zu nennen, und bekamen bald zwei Kinder, einen Sohn und eine Tochter. (Der Sohn studierte später Informatik, die Tochter wurde Bankkauffrau.)

Aber Gerlinde hatte in allen diesen schweren Jahren ihre alte Heimat in Paraguay nicht vergessen. Als ihre Eltern beide gestorben waren, die Mutter an Krebs, der Vater an den Folgen seiner Trunksucht, sorgte sie dafür, daß ihre jüngere schwerbehinderte Schwester in ein Pflegeheim aufgenommen wurde und bezahlte die Kosten dafür aus eigener Tasche. Für die Indianer im Chaco, die ja nun nicht mehr länger als Wilde nackt im Busch lebten wie in ihrer Kindheit, sammelte sie Kleider, vor allem Wolljacken und -socken, denn sie erinnerte sich noch gut daran, wie sehr sie im Chacowinter oft gefroren hatte. Ganze Containerladungen voll schickte sie hinüber, und um die beträchtlichen Transportkosten bezahlen zu können, ging sie samstags mit ihrem Mann auf Floh-

märkte, wo sie durch den Verkauf von ebenfalls gesammelten Gegenständen aller Art das Geld zusammenbrachte.
Im kirchlichen Bereich war sie außerdem auch noch aktiv. Mit ihrer wunderschönen Sopranstimme war sie eine Zierde des Kirchenchores, außerdem betätigte sie sich jahrelang als Kirchenälteste der evangelischen Kirche ihres Wohnortes.
So ist aus einem Leben, das unter den ungünstigsten Voraussetzungen begonnen hatte, durch Zähigkeit und Ausdauer etwas Außergewöhnliches geworden. »Nicht aufgeben« war ihre Devise gewesen. Unlängst haben die beiden uns mit ihrer Schwiegertochter, einer Ärztin, besucht. Der Mann hatte einen eisgrauen Vollbart und weiße Haare und sah jetzt viel älter aus als Gerlinde, an der die Zeit spurlos vorübergegangen zu sein schien.
Sie ist auch ein »Mensch, den man nicht vergißt«.

Schwester Suse

Gestern habe ich erfahren, daß die alte Schwester Suse im Alter von 99 Jahren verstorben sei. Da habe ich mich plötzlich wieder an sie erinnert, an ihre abenteuerlichen Erzählungen aus der Anfangszeit der Besiedlung des Chaco von Paraguay.
Sie war in einer Mennonitensiedlung in der Ukraine am Flüßchen Molotschna geboren, als Tochter eines Ältesten der Mennoniten-Brüdergemeinde. Nach ihrer Schulentlassung absolvierte sie in Halbstadt an der Schwesternschule des dortigen Krankenhauses eine Ausbildung als Krankenschwester.
Kaum war sie damit fertig, kam die große Auswanderungswelle der Mennoniten zurück in ihre Stammheimat Deutschland. Durch Vermittlung des damaligen Reichspräsidenten von Hindenburg hatten sie von der kommunistischen Regierung in Moskau die Genehmigung zur Ausreise bekommen. Heute fragt man sich, wieso das geschehen konnte, wo doch

später der »eiserne Vorhang« ein Verlassen der Sowjetunion gänzlich unmöglich machte. Der Grund mag darin liegen, daß die mennonitischen Siedlungen, welche damals schon etwa 200 Jahre existierten, sehr wohlhabend waren, und die Auswanderer wurden völlig entschädigungslos entlassen, so daß die einheimische ukrainische Bevölkerung alles in Besitz nehmen konnte. In der Anfangszeit war ja das Kolchosensystem noch nicht eingeführt.

In Deutschland angekommen, wurden die »Deutschrussen«, wie man sie nannte, in Lagern interniert, bis entschieden wäre, was weiter mit ihnen geschehen sollte. Damals war man in Deutschland ja nicht, wie nach dem Zweiten Weltkrieg, auf millionenfache Flüchtlingsströme aus dem Osten vorbereitet. Da die Rußlandmennoniten aber auf jeden Fall Bauern bleiben wollten, dazu aber in Deutschland durchaus keine Möglichkeit bestand, so blieb nur die Möglichkeit, in ein Agrarland auszuwandern, und dafür boten sich zwei Länder an: Kanada und Paraguay, weil dort bereits mennonitische Kolonien bestanden, an die man sich anschließen konnte. Denn daran hatte den Mennoniten von jeher viel gelegen: Unter Glaubensgeschwistern zu leben.

Die meisten der Flüchtlinge wollten begreiflicherweise nach Kanada. Aber leider waren die kanadischen Einwanderungsbehörden sehr streng hinsichtlich des Gesundheitszustandes. Schon das kleinste Kalkfleckchen auf dem Röntgenbild der Lunge genügte, um abgelehnt zu werden wegen Tuberkuloseverdachtes. Und so kam es, daß alle Gesunden nach Kanada ausreisten, während die »Fußkranken der Völkerwanderung«, wie es so schön heißt, nach Paraguay in dieses mörderische Klima des Gran Chaco mußten. Schwester Suse gehörte zu den Gesunden, sie hätte nach Kanada gedurft. Aber sie erbot sich freiwillig, mit den Kranken nach Paraguay zu gehen. »Denn die brauchen mich als Krankenschwester nötiger«, sagte sie.

Kaum im Chaco angekommen, brach der Krieg zwischen Bolivien und Paraguay aus, dieser Krieg, der dem Chaco da-

mals den Namen »Grüne Hölle« einbrachte. Er forderte viel mehr Todesopfer durch Verdursten als durch Waffen.
Die neuangekommenen Siedler gründeten die Kolonie Fernheim mit dem Zentrum Filadelfia, dem Sitz der Verwaltung, dem Krankenhaus, der Zentralschule und dem Cooperativladen.
Einen Arzt gab es am Krankenhaus nicht, Schwester Suse war die einzige Krankenschwester und mußte sowohl Schwester und Hebamme als auch Doktor sein. Zum Glück hatte sie Instrumente aus Rußland mitgebracht, so daß sie wenigstens Wunden nähen konnte, oder bei Fehlgeburten Ausschabungen machen. »Freilich war ich mir bewußt, daß ich dafür gar nicht kompetent war, aber was sollte ich tun? Die Frau einfach verbluten lassen?« sagte sie.
Als dann der Krieg ausgebrochen war, kamen schon bald die ersten Verwundeten, und bald war das Fernheimer Krankenhaus ein Feldlazarett geworden. Die paraguayischen Militärärzte kamen und versorgten ihre Verwundeten, machten auch Operationen und Schwester Suse wurde Operationsschwester. Da diese Ärzte sehr kompetent waren und ihr Handwerk verstanden, konnte Sr. Suse viel lernen, und das sollte ihr später noch sehr zustatten kommen.
Dieser Krieg in dem mörderischen Klima war um vermutete Erdölvorkommen gegangen, denn um Landbesitz zu kämpfen wäre in dieser wasserlosen Halbwüste voller Kakteen und Dorngestrüpp absurd gewesen. Es wurde aber kein Erdöl gefunden, und so waren die vielen Opfer für beide Seiten ganz umsonst gewesen. Paraguay hatte zwar einen großen Gebietszuwachs bekommen, aber was nützte der dem Land schon?
Als das Militär abgezogen war, und mit ihm auch die Ärzte, die bis dahin auch die mennonitische Zivilbevölkerung mitversorgt hatten, stand Sr. Suse wieder allein da in ihrem Krankenhaus. Ein Arzt war dringend nötig, aber woher einen bekommen? Geld gab es bei den armen Siedlern nicht viel zu verdienen, das Klima war abscheulich.

Die ganzen Lebensumstände waren nicht dazu angetan, einen Arzt in diese Einöde zu locken. So kam es denn, daß sich fast nur Abenteurer und verkrachte Existenzen um die ausgeschriebene Stelle bewarben. Und da erlebte Sr. Suse die unglaublichsten Dinge: »Einmal«, so erzählte sie, »einmal hatten wir einen Patienten zur Blinddarmoperation auf dem Operationstisch liegen, und kaum hatten wir den Bauch offen, so merkte ich, daß der Arzt nicht weiter wußte. Was machst du jetzt, sagte ich mir, ich kann doch als Schwester einem Arzt nicht vorsagen, was er machen soll? Aber als ich sein verzweifeltes Gesicht sah, wagte ich es doch. Diese Operation kam noch zu einem glücklichen Ende, aber hinterher fragte ich ihn doch geradeheraus, ob er überhaupt schon einmal eine Blinddarmoperation gemacht habe, oder überhaupt eine Operation. Und da gestand er mir ziemlich kleinlaut, er sei überhaupt kein Arzt, sondern nur Dentist, also nicht einmal ein studierter Zahnarzt! Ich wollte es der Kolonieleitung melden, aber bevor ich dazu Gelegenheit hatte, war er schon klammheimlich auf und davon. So ging es uns noch ein paarmal, einer war Tierarzt gewesen, der hatte sich gedacht: »Ach was, bei Menschen kann das doch auch nicht viel anders sein als bei einem Tier, das schaffst du schon.« Ein anderer wiederum war zwar Mediziner, aber im Staatsexamen durchgefallen und hatte keinerlei klinische Erfahrung, wiederum einer war wegen eines Vergehens aus dem Arztregister gestrichen worden und so fort und fort. Was ich damals ausgestanden habe, das kann kein Mensch ermessen.«

Schließlich kam Hilfe aus USA: Die Mennoniten dort hatten von der Misere gehört und in ihren Kreisen nach einem Arzt gesucht, der willens wäre, aus christlicher Nächstenliebe in der Kolonie zu dienen. Man hatte auch gar keinen Zweifel gelassen darüber, was ihn dort erwarte. Und es fand sich tatsächlich einer, Dr. John Schmidt, dessen Frau obendrein auch noch eine »Registered Nurse« war, und somit in der Lage, in der Kolonie eine Schwesternschule ins Leben zu ru-

fen, in der junge Mädchen aus der Kolonie ausgebildet werden konnten.
Zwar war Dr. Schmidt noch ein ganz junger Arzt, der noch nicht viel klinische Erfahrung hatte, vor allem nicht in Chirurgie. Aber er hatte einen älteren Bruder, der ein erfahrener Chirurg war und der versprach, für größere chirurgische Eingriffe aus den USA herzufliegen und alles, was aufgelaufen wäre, hintereinander wegzuoperieren. So war denn die Kolonie ärztlich aufs beste versorgt.
Nur für die gute Sr. Suse kam das Aus. Sie war so viele Jahre lang »Selbstherrscherin« gewesen, nun sollte sie sich unterordnen, unterordnen unter einen kompetenten Arzt, unterordnen unter eine qualifizierte Nurse aus den USA. Zwar hatte sie eine langjährige Erfahrung und wußte, was im Chaco möglich war und was nicht, aber davon wollten die beiden aus USA nichts wissen, sie hatten ihre eigenen Vorstellungen, wie sie ihre Arbeit tun wollten und ihr Krankenhaus betreiben. Sr. Suse entschloß sich, ihre Arbeit aufzugeben. Sie war ja auch schon nicht mehr die Jüngste. An eine Rente oder so etwas war natürlich nicht zu denken, denn wer von den Kolonisten hatte denn so etwas? Kein Lehrer, kein Verwaltungsangestellter, niemand hatte eine, wieso denn dann eine Krankenschwester? So baute Sr. Suse sich auf dem Gelände neben dem Krankenhaus ein kleines Häuschen, so etwas war dort billig, da sich immer genug freiwillige Helfer fanden. Das Grundstück war, wie alle anderen in Filadelfia auch, dreiviertel Hektar groß, so daß sie nicht nur Obstbäume pflanzen konnte, sondern auch alles Gemüse und Bataten und Mandioka für den eigenen Bedarf, auch Hühner und zwei Milchkühe konnte sie sich halten. So war aus der Krankenschwester eine Kleinbäuerin geworden. Die Milch brachte sie jeden Morgen in einem Eimer in die Krankenhausküche, was sie von ihrem selbstangebauten Gemüse nicht für sich brauchte, verkaufte sie ebenfalls im Krankenhaus, und so lebte sie zwar bescheiden, aber doch ganz auskömmlich und zufrieden.

Wir als ihre Nachbarn hatten ein herzliches Verhältnis zu ihr. Oft kam sie auf einen Schwatz herüber und wir lauschten gespannt ihren abenteuerlichen Erzählungen. Mir wurde bei ihren Schilderungen klar, wieso man mich vor meiner Anstellung so auf Herz und Nieren geprüft hatte, warum ich dorthin wollte, ob ich arbeitslos sei oder in fester Position, ob meine chirurgische Qualifikation hieb- und stichfest sei und so fort. Die Kolonie wollte kein Risiko mehr eingehen, irgendeinen Scharlatan oder eine verkrachte Existenz zu bekommen. Ich rechnete es ihnen hoch an, daß sie mich nicht im unklaren gelassen hatten, was mich erwarte. Dr. Schmidt und seine Frau hatten sich entschlossen, eine Lepraarbeit in Ostparaguay anzufangen. An ihre Stelle kam ein deutscher Arzt, ein Heimatvertriebener aus dem Baltikum mit den besten Qualifikationen. Er hatte Frau und zwei oder drei halbwüchsige Kinder. Leider starb seine Frau nach einer Gallenblasenoperation, die er selber ausgeführt hatte, und das brach ihm schier das Herz. Er wollte nach dieser schrecklichen Erfahrung nicht mehr im Chaco bleiben, nicht in dem Doktorhaus wohnen, wo alles ihn an seine Frau erinnerte. Seine Kinder waren auch in einem Alter, wo sie höhere Schulen besuchen mußten, und in der Kolonie gab es nur eine Schule, die bis zur mittleren Reife führte, und auch die nur in deutscher Sprache und mit deutschem Lehrplan. So entschloß er sich, nach Brasilien auszuwandern. Seine Oberschwester, die seine Frau gepflegt und nach deren Tod die Familie versorgt hatte, ging mit ihm, später hat er sie dann geheiratet. Und ich war an seiner Stelle gekommen. Wen wundert es da, daß bei meiner Ankunft ein Dankgottesdienst abgehalten wurde und daß der Predigttext war: »Das ist uns vom Herrn geschehen und ein Wunder vor unseren Augen« (nämlich daß sie einen Arzt gefunden hatten, der für sie da sein wollte). Und das war für mich ein schöner Anfang!

Sr. Suse konnte gar nicht genug von Deutschland hören. Sie war ja als Deutschstämmige geboren und hatte nie eine andere Sprache gesprochen, weder in Rußland noch in Paraguay, und so umgab sie Deutschland mit einer Gloriole, so als ob dort alles wunderbar sein müsse und nichts auszusetzen sei. Ihr Aufenthalt in Deutschland war ja nur kurz gewesen, und im Flüchtlingslager hatte sie auch nicht viel zu sehen bekommen. So war es ihr größter Herzenswunsch, einmal im Leben nach Deutschland zu kommen. Nur sah sie dazu gar keine Möglichkeit, absolut gar keine. Ich grübelte lange darüber, wie man ihr diesen Herzenswunsch erfüllen könne. Schließlich hatte ich eine Idee: »Wie wär's denn, Sr. Suse«, sagte ich zu ihr, »wenn Sie in Deutschland noch einmal als Schwester arbeiten und sich dort die Reise zusammensparen würden? Die Reisekosten würde ich Ihnen für die Hinfahrt vorstrecken, die könnten Sie mir ja später zurückzahlen.«

»Das würden Sie für mich tun?« fragte sie ungläubig.

»Ja, warum nicht?«

»Und wo würde ich denn eine Stelle finden? Ich kann doch nicht einfach an irgendein Krankenhaus gehen und nach einer Anstellung fragen, wo mich kein Mensch kennt?«

»Das lassen Sie mich nur machen. Also, was ist, haben Sie den Mut, soll ich etwas unternehmen?«

»Oh, wenn Sie das für mich täten, ich weiß gar nicht, wie ich Ihnen das je danken könnte. Mein größter Herzenswunsch ginge damit in Erfüllung!«

Gesagt, getan. Ich schrieb an die Oberin meines früheren Krankenhauses, schilderte ihr den Fall und fragte an, ob sie eine Möglichkeit sähe, Sr. Suse zu beschäftigen. Sie sei ja schon einige Jahre aus dem Beruf usw. usw.

Die Antwort ließ nicht lange auf sich warten.

»Schicken Sie die Schwester ruhig, irgendeine Arbeit werden wir schon für sie finden, und wenn wir sie im Schwesternaltersheim beschäftigen.«

Daß Sr. Suse keinen Luftsprung machte, als sie diese Nachricht las, wundert mich noch heute, so groß war ihre Freude.

Wir bestellten also die Schiffspassage, die ja damals noch erheblich viel billiger war als der Flug, und Sr. Suse fuhr mit fast 65 Jahren noch in ihr geliebtes Deutschland, wo sie ein ganzes Jahr blieb. Ihre Begeisterung kannte keine Grenzen, es tut mir heute noch leid, daß ich ihre Briefe nicht aufgehoben habe, sie wären es wahrhaftig wert gewesen. Mit ihrer aufgeschlossenen Art und ihrem angeborenen Erzählertalent machte sie sich überall Freunde, und sie hatte ja auch tatsächlich so viel zu erzählen! Durch meine Vermittlung bekam sie Kontakt zur Leiterin des Instituts für Auslandsbeziehungen in Stuttgart, und die reichhaltige Bücherei des Institutes brachte sie auf die Idee, in Fernheim einen Buchladen und eine Leihbücherei zu eröffnen.
Das tat sie dann auch nach ihrer Rückkehr und so hatte sie »auf ihre alten Tage«, wie es so schön heißt, noch einen neuen Beruf bekommen, der sie ausfüllte, bis sie – nach unserem Weggang – ins Altersheim und später ins Altenpflegeheim kam, wo sie dann leider noch die Alzheimersche Krankheit bekam, bis sie schließlich im Alter von 99 Jahren heimgehen durfte.

Grandma Braun

Sie war eine Kanadierin, die mit ihrem Mann und anderen kanadischen Farmern Ende der zwanziger Jahre aus Kanada nach Paraguay eingewandert war. Im Gran Chaco, der sogenannten »Grünen Hölle«, der damals noch völlig unerforscht, also ein weißer Fleck auf der Landkarte, gewesen war, hatten die Siedler sich daran gemacht, die Kolonie Menno zu gründen.
Unter unsäglichen Strapazen, Opfern und Entbehrungen hatten sie den Busch gerodet und ihre Dörfer angelegt. Die erste große Enttäuschung war gewesen, als sie Brunnen bohrten und feststellen mußten, daß das Wasser salzhaltig und für den menschlichen Genuß unbrauchbar war. Und das

bei einer Hitze von 40 oder mehr Grad im Schatten in einem Gebiet ohne den kleinsten Wasserlauf. Auch stehende Gewässer gab es nicht, außer kleinen Wasserlachen, die sich nach einem Regen in Bodenvertiefungen ansammelten, aber schon nach wenigen Tagen wieder vertrocknet waren. So kam es, wie es kommen mußte: Typhus brach aus und raffte fast die Hälfte der eingewanderten Siedler schon im ersten Jahr dahin.
Erst als sie sich richtige Häuser mit Blechdächern bauen konnten, war es möglich, Zisternen zu graben und das Regenwasser in der Regenzeit zu sammeln.
Natürlich erzählten sie oft, wie wohlhabend sie in Kanada gewesen seien, von ihren großen Weizenfarmen in Manitoba und Saskatchewan, ihren schönen Häusern mit allem Komfort und dem guten Brunnenwasser, des Rühmens war kein Ende. Auf meine verwunderte Frage, warum in aller Welt sie denn diesen Wohlstand aufgegeben hätten und in diese unwirtliche Gegend gezogen seien, bekam ich immer dieselbe ominöse Antwort: »Wegen der Religion.«
»Wegen der Religion?« sagte ich. »Ja, gibt es denn in Kanada keine Christen?«
Bei näherem Nachfragen stellte sich dann folgender Tatbestand heraus: Die Mennoniten in Kanada hatten bis vor wenigen Jahren ihre eigenen Schulen unterhalten, in denen nur mit Bibel, Fibel und Gesangbuch unterrichtet wurde. Die einzigen Lehrfächer waren Rechnen (nur die vier Grundrechenarten), Lesen und Schreiben. Mehr brauche ein Christ nicht zu wissen und zu können.
Und nun war vor einigen Jahren ein Gesetz herausgekommen, daß *alle* Kinder in Kanada, gleich welcher Religion, Rasse oder Volkszugehörigkeit, ausnahmslos die staatlichen Schulen besuchen müßten. Weil sie sich diesem Gesetz nicht hatten beugen wollen, hatten sie alles aufgegeben und waren nach Paraguay ausgewandert, dessen Regierung an der Erschließung und Besiedlung des menschenleeren Chaco interessiert war und ihnen durch eine »Lex Mennonita« völlige

Glaubensfreiheit, Befreiung vom Wehrdienst und ein eigenes Schulwesen garantiert hatte.
Nach ein paar Jahren waren dann noch mehr Mennoniten dazugekommen. Diese waren durch Vermittlung des damaligen Reichspräsidenten von Hindenburg von der russischen Regierung freigelassen und in Deutschland in Lagern untergebracht worden, bis sich Länder zu ihrer Aufnahme gefunden hätten. Der größte Teil dieser Rußlandmennoniten wanderte nach Kanada aus, nur diejenigen, deren Gesundheitszustand bei der Untersuchung durch die Einwanderungsbehörde nicht völlig einwandfrei war und denen man deshalb die Einwanderungspapiere nicht gegeben hatte, gingen nach Paraguay, wo ja bereits eine Mennonitenkolonie existierte und wo man ihnen die gleichen Rechte zusicherte wie den aus Kanada Eingewanderten. Aber obwohl beide, die Kanadamennoniten und die Rußlandmennoniten, der gleichen Glaubensgemeinschaft angehörten, derselben friesischen Abstammung waren und das gleiche Plattdeutsch sprachen, bestand doch zwischen ihnen ein gewaltiger Unterschied: Die Rußländer legten den größten Wert auf Bildung. So gründeten sie eine eigene Kolonie »Fernheim« mit dem Hauptort Filadelfia, in dem sich die Verwaltung, die Volks- und Realschule (Zentralschule genannt), das Lehrerseminar und das Krankenhaus befanden, welches in der Hindenburgstraße, die noch heute so heißt, gelegen war.
Und nun nach dieser langen Einleitung zu Grandma.
Ich war noch nicht lange in Filadelfia, als sie eines Tages in meine Sprechstunde kam: Eine etwas korpulente Matrone mit dem für jene Kanadamennoniten typischen gehäkelten Spitzenhäubchen, welches die Haare fast völlig verdeckte. Sie sprach ein perfektes Hochdeutsch mit dem bei uns an der »Waterkant« typischen Akzent, hin und wieder gespickt mit Anglismen (Cake statt Kuchen, Jam statt Marmelade etc.) und strahlte einen mit ihren blendendweißen (falschen) Zähnen an. Ihre ganze Art zu sprechen war so gewählt und lebhaft, daß niemand vermutet hätte, eine wie geringe

Schulbildung sie hatte. Man hatte bei ihr vom ersten Augenblick an das Gefühl, eine »Persönlichkeit« vor sich zu haben.
Nachdem ich sie untersucht und ihr ein Medikament verschrieben hatte, sagte sie: »Doktor, ich möchte Sie und Ihre Frau zu meinem 50. Geburtstag am nächsten Sonntag einladen. Sie sind allerdings die einzigen Gäste, außer Ihnen kommen nur meine engsten Familienangehörigen. Ich lasse Sie von einem meiner Söhne mit dem Fuhrwerk abholen, so zeitig, daß Sie mit uns in den Gottesdienst gehen können, wenn Ihnen das recht ist. Sie müssen daher etwas früh aufstehen, aber dafür ist es dann auch noch nicht so heiß.«
Am nächsten Sonntag um 6 Uhr früh klatschte es vor unserer Tür, wie das dort so üblich ist. Der Sohn von Grandma Braun war's, und draußen vor dem Gartentor stand sein Pferdefuhrwerk, Buggy genannt, das aus Westernfilmen bekannte hochrädrige Gefährt, mit zwei schmucken Braunen bespannt. Wir kletterten hinauf und nach einem Zungenschnalzer unseres Kutschers trabten die zwei munteren Rößlein los und trabten pausenlos zwei Stunden lang fort, ohne auch nur einmal in Schritt zu fallen oder angetrieben zu werden, bis wir in den Hof der Brauns einfuhren. Dort erwartete uns eine Überraschung, denn es wimmelte auf dem Hof nur so von Menschen, hauptsächlich Kindern. Zu Grandma Braun, dem Geburtstagskind, das uns aufs herzlichste begrüßte, sagte ich: »Aber sagten Sie nicht, es kämen keine Gäste außer Ihren engsten Familienangehörigen?«
»Ja, das ist so; das sind sie, meine Kinder, Schwiegerkinder und Enkel.«
»Und um wie viele handelt es sich denn da?«
»Ich habe 15 Kinder, davon sind zehn verheiratet, fünf noch zu Hause, und 50 Enkelkinder, wir sind also im engsten Familienkreis 77 Personen: mein Mann und ich, 15 Kinder, 10 Schwiegerkinder, 50 Enkel, zählen Sie es nur zusammen, wenn Sie es nicht glauben.«
Uns blieb vor Staunen der Mund offen stehen. Mit 50 Jahren

eine Familie von 77 Personen zu haben, so etwas hatten wir uns bis dahin überhaupt nicht vorstellen können.
»Wie schaffen Sie denn das?« fragte ich sie.
»Ach, das ist nur eine Frage der Organisation«, meinte sie, »wenn die ersten paar Kinder groß sind, dann müssen sie eben mit anpacken. Am schwersten ist es mit 6 Kindern, da muß man noch alles selber machen. Von da an wird es immer leichter. Aber jetzt wollen wir erst einmal frühstücken, Sie werden sicher hungrig sein nach der Fahrt, und nachher wird es ja dann auch Zeit, in den Gottesdienst zu gehen.«
Unter den Schattenbäumen, Paraiso genannt, standen schon die gedeckten Tische bereit, gedeckt für 79 Personen (wir und die »engsten Familienangehörigen«).
Es gab schmackhaftes Brot, selbstverständlich selber gebakken, da es ja keine Bäcker gab, Eier, Butter, Käse und verschiedene Marmeladen aus den heimischen Früchten, Kaffee und Milch, Orangen- und Grapefruitsaft, also alles, wie man es in einem eleganten Hotel beim Frühstücksbuffet hat. Nachdem Vater Braun das Tischgebet gesprochen hatte, ging der Schmaus los.
Als es so aussah, als ob alle fertig seien, rief Vater Braun: »Sind alle satt?«
»Jaaa«, rief es aus mindestens 70 Kehlen, und Vater Braun rief: »Dann räumt mal schnell noch ab, damit wir in den Gottesdienst fahren können.«
Das ging dann auch ruck-zuck mit so vielen Helfern, und währenddessen zeigte uns das Ehepaar Braun den Hof.
Da war zu unserem Erstaunen kein Haus zu sehen, das für eine so große Familie groß genug gewesen wäre. Dafür standen auf dem Hof mehrere kleinere Häuser. Vater Braun erklärte uns, daß sie hier, da es keine Maurer gäbe, ihre Häuser selber bauen müßten. Ja, sogar die Ziegel müßten sie selber aus Lehm streichen und entweder roh vermauern, oder sie selber brennen. Aus diesem Grunde baue jeder Siedler, wenn er heirate, zuerst einmal ein kleines Haus mit zwei Zimmern – Wohn- und Schlafzimmer – und einer Küche un-

ter dem Schattendach. Wenn dann die Kinder geboren würden, schliefen die zuerst bei den Eltern, später, wenn sie größer seien, baue man noch ein Haus dazu, und noch später je eines für die Knaben und eines für die Mädchen. So habe man für eine Familie von ihrer Größe dann 4 oder fünf Häuser auf dem Hof, so wie bei ihnen. Ställe brauche man hier ja nicht, da das Vieh das ganze Jahr über im Freien sei. Auch die Hühner liefen frei herum und flatterten nachts auf die Schattenbäume bis in die Wipfel hinauf aus Angst vor den Schlangen. Nun interessierte es uns sehr, wie »Grandma Braun« – wie sie in der Kolonie genannt wurde – ihren großen Haushalt organisierte, damit er so tadellos funktionierte.

»Sie sagten vorhin, wenn die Kinder groß seien, müßten sie mit anpacken. Wann sind denn bei Ihnen die Kinder groß?«

»Na, mit 12 Jahren doch, wenn sie mit der Schule fertig sind. Sie gehen 6 Jahre zur Schule, dann geht der Ernst des Lebens an. Die Knaben (man sagt hier nicht Jungen, sondern Knaben, so lange bis sie heiraten) müssen aufs Feld und pflügen, eggen, säen oder mit dem Vieh arbeiten. Die Mädchen arbeiten im Haushalt, putzen, kochen, waschen, bügeln, denn dazu habe ich jetzt keine Zeit mehr, da ich ja für die große Familie alle Kleider, Hemden, Hosen selber nähen muß, denn es gibt im Laden nur Stoff zu kaufen, kein einziges fertiges Kleidungsstück. Weil ich nun den ganzen Tag an der Nähmaschine sitze, bin ich auch so dick geworden, früher war ich eine ziemlich schlanke Person.«

»Und Ihre Jugend? Meutert sie nicht manchmal, wenn sie schon so früh so schwer arbeiten muß?«

»Aber wieso denn? Sie müssen doch etwas lernen fürs Leben, und wo könnten sie es besser als bei Mutter oder Vater? Die meisten jungen Menschen heiraten hier mit 18 oder 20 Jahren, und diejenigen, welche zu Hause etwas gelernt haben, sind um so begehrtere Heiratskandidaten, das wissen sie. Die Mädchen machen, bevor sie heiraten, einen Schneiderkurs mit, wo sie hauptsächlich das Zuschneiden lernen.«

Nun wußten wir Bescheid, warum bei den Brauns alles wie am Schnürchen klappte. Uns erschien es hart, daß mit 12 Jahren schon die Kindheit vorbei sein sollte, aber hier schien es jedermann für selbstverständlich zu halten.

Man sollte nun meinen, daß Grandma Braun mit ihrer Großfamilie voll ausgelastet gewesen wäre und für nichts anderes Zeit gehabt hätte. Dem war aber nicht so. Sie war eine vorzügliche Köchin und Kuchenbäckerin, und da ihr Ruhm sich herumgesprochen hatte, hielt sie Koch- und Backkurse ab, meistens in unserer Kolonie, bei den »Russen«, deren Frauen mehr daran interessiert waren als ihre eigenen kanadischen Landsleute.

Wenn sie in die »Stadt« fuhr, nach Filadelfia, kutschierte sie immer alleine. Da sie eine begeisterte Häklerin war und es sich nicht leisten konnte, zwei Stunden, solange wie die Fahrt dauerte, zu verschwenden, wickelte sie die Zügel ums Handgelenk und hatte so die Hände frei zum Häkeln. Sie hatte den Ehrgeiz, für jedes neugeborene Enkelchen ein Spitzenhäubchen und -jäckchen zu häkeln, und das bei 50 Enkeln! Wie viele Enkel sie später noch dazubekommen hat, weiß ich nicht, wahrscheinlich hat sie die 100 vollgemacht, denn ich weiß noch, daß eine ihrer Töchter 17 Kinder bekommen hat und einige der anderen auch 14 oder 15.

Immer, wenn sie in die Stadt fuhr, nahm sie ein Fuhrwerk voll Gemüse oder Wassermelonen aus ihrem Garten mit, um sie bei der Krankenhausküche zu verkaufen. Mit dem Erlös bezahlte sie dann ihre Krankenhausrechnung oder ihre Einkäufe im Cooperativladen. Anschreiben aufs Konto, wie es alle anderen machten, ließ sie nie.

Grandma Braun hatte immer darunter gelitten, daß sie eine so spärliche Schulbildung gehabt hatte. Und darum setzte sie alles daran, daß ihre Kinder oder zumindest die Enkelkinder eine bessere Schulbildung bekommen sollten.

So war es denn kein Wunder, daß einige ihrer Kinder oder

Großkinder Ausnahmestellungen in der Kolonie bezogen, z. B. Oberschulze, was bei uns etwa einem Landrat entspricht, Krankenschwestern, Lehrer an der später doch noch gegründeten richtigen Elementarschule oder an der Realschule, ja eine Enkeltochter wurde sogar Ärztin. Sie hatte ihre Promotion in der Hauptstadt Asunción gemacht und ging dann zu den Indianern tief in den Busch, wo sie ein kleines Krankenhaus bauen ließ und viele Jahre in völliger Weltabgeschiedenheit lebte, eine Idealistin im wahrsten Sinne.
Grandma Braun war für mich ein Musterbeispiel dafür, wie man auch ohne große Schulbildung oder berufliches Studium durchaus eine Persönlichkeit von Format sein kann. Darum habe ich sie auch bis in mein hohes Alter nicht vergessen.

Lopezita

Er war ein Lengua-Indianer von der alten Sorte, ging grundsätzlich nackt, mit nur einem Lendenschürzchen bekleidet, selbst als seine Stammesbrüder längst alle Kleider trugen. Sein Alter war unbestimmbar, er selbst wußte, wie alle Indianer, natürlich nicht, wann er geboren war, aber seinem Aussehen nach mußte er uralt sein. Familie hatte er offenbar keine, denn er kam immer allein daher. Wie alle Lengua-Indianer hatte er sich im Umgang mit uns das Plattdeutsche angewöhnt, ein verballhorntes Platt, ähnlich dem Pidgin-Englisch der afrikanischen Völker, und so konnte man sich gut mit ihm unterhalten. Grundsätzlich ging er nur mit Pfeil und Bogen einher, als ob er wie in alten Zeiten seine Nahrung auf diese Weise beschaffen wolle. Aber ich bezweifle, ob er seit Jahren je etwas geschossen hatte, denn immer wenn er kam, war seine obligatorische Frage:
»Es dine nich en Steckstje Brot, oda Knookes, oda ook Fleesch?« (Hast du nicht ein Stückchen Brot, oder Knochen, oder auch Fleisch?) Und da er so unschuldig lachen konnte

dazu, verweigerte man ihm nie etwas. Keiner wußte, wo er wohnte oder schlief, denn bei seinem Stamm war er nicht, er war ein Einzelgänger. Wahrscheinlich schlief er, wie früher alle Indianer, im Freien auf der blanken Erde.
Die Kinder, wenn sie seinen Namen Lopezita hörten, was auf Spanisch »kleiner Lopez« heißt, verstanden es als plattdeutsch und nannten ihn deshalb »Lappeschita«, was soviel wie Lappenscheißer heißt; wahrscheinlich brachten sie dies mit seinem dreckigen Lendenschurz in Verbindung.
Natürlich wollten sie wissen, ob er mit seinem Bogen auch schießen konnte. Deshalb plagten sie ihn bei jedem Besuch: »Lappeschita, schieß doch mol!«
Er suchte sich ein Ziel aus und tatsächlich, er beherrschte seine Kunst noch ausgezeichnet, er traf immer, so sicher wie ein Zirkuskünstler. Dann klatschten sie ihm Beifall, und er lachte mit seinem zahnlosen Mund.
Jeder Besucher aus dem Ausland benutzte ihn als Fotoobjekt, da er so urtypisch aussah, und wenn er dafür ein paar Guarani bekam, war er glücklich. Er wurde von Künstlern verewigt, gemalt, geschnitzt, in Holz gebrannt. Aber obwohl er wußte, daß er für alle Weißen eine Sehenswürdigkeit war, blieb er immer ganz derselbe, keine Starallüren, nichts. Drum haben wir ihn auch nicht vergessen.

Ohne Gott?

Er war ein »Reichsdeutscher«, wie man in Südamerika die Eingewanderten nennt im Gegensatz zu den »Volksdeutschen«, die schon im Lande geboren sind.
Nach dem Zweiten Weltkrieg war er ausgewandert, hatte sich im paraguayischen Busch, im Gran Chaco, ein Stück Land gekauft und lebte von einer kleinen Viehherde. Mit dem Zusammenbruch des »Dritten Reiches« waren alle seine Ideale zerstört worden. Verbittert war er in den Busch gekommen. Ein Einsiedler war er geworden, ein Menschen-

verächter. Weitab von allen menschlichen Behausungen vegetierte er dahin, nicht viel besser als ein wilder Indianer. Seine Behausung war ein Gestell aus Stangen, über das er Ochsenhäute gespannt hatte. Seine Kleidung war abgetragen und zerfetzt. Wir schämten uns seiner vor den Paraguayern, weil er, ein Deutscher, so heruntergekommen war. In größeren Abständen kam er ins Städtchen, um im Cooperativladen seinen Zigarettenvorrat aufzufüllen oder im Krankenhaus einige Medikamente für den Notfall einzukaufen.
Wir luden ihn dann immer zum Essen ein, und abends hatte ich lange Gespräche mit ihm über den Glauben. Er hatte die Meinung, die Menschen hätten sich Gott ausgedacht, um einen Schuttabladeplatz für ihr schlechtes Gewissen oder für ihre Frustrationen zu haben. Nur Schwachsinnige könnten an einen solchen Unsinn glauben. Er brauche weder Gott noch irgendeinen Menschen. Falls es je mit ihm einmal so weit komme, daß er auf fremde Hilfe angewiesen sei, dann nehme er seinen Revolver, der immer geladen griffbereit daliege, und schieße sich eine Kugel in den Kopf.
Eines Tages brachten ihn einige Indianer, nackte Wilde, auf einer primitiven selbstgebastelten Trage ins Krankenhaus. Sie waren mit ihrer Last einige zig Kilometer weit zu Fuß hergekommen.
Ihn hatte der Schlag getroffen. Er hatte sich nicht mehr rühren können, ja, er konnte nicht einmal mehr nach dem Revolver greifen, den er sich für den Ernstfall bereitgelegt hatte. Bei der großen Hitze in den Tropen wäre er bald verdurstet in seinem primitiven Ochsenhautzelt, wenn nicht ein nomadisierender Indianerstamm auf der Wanderschaft »zufällig« an seiner Behausung vorbeigekommen wäre und auf das Geheul seiner Hunde hin in das Zelt geschaut hätte. Sie hätten ihn leicht umbringen und seine Viehherde mit sich forttreiben können, kein Hahn hätte danach gekräht. Statt dessen flößten sie ihm Wasser ein und machten eine Trage, packten ihn darauf und trugen ihn einige Tagemärsche weit bis zu uns ins Krankenhaus. Der Stamm ließ sich auf dem

Platz nieder und wollte warten, bis die ausgewählten Träger wieder zurückkämen.
Er bot ein Bild des Jammers. Nicht nur war seine eine Körperhälfte gelähmt, er hatte auch die Sprache verloren. Seine gelähmte Gesichtshälfte hing schief herab, aus dem Mund lief fortwährend der Speichel; sein eines Auge konnte er nicht schließen, es triefte. Sein Verstand war aber hellwach, alles was wir mit ihm sprachen, drang in sein Bewußtsein. Als Antwort blinkte er mit seinem einen gesunden Auge.
Eine monatelange Leidenszeit folgte. Da er kein Geld hatte und nichts besaß als sein bißchen Land und sein Vieh, wurde er im Krankenhaus umsonst behandelt, nachdem sein kleiner Besitz aufgebraucht war. Er war also ganz und gar auf die Güte seiner Mitmenschen angewiesen. Er sah, wie sich die Schwestern tagaus, tagein um ihn mühten. So wie bei allen Patienten hielt die Zimmerschwester auch bei ihm die Morgen- und Abendandacht; wenn am Sonntagmorgen die Schwestern den Patienten einen Choral sangen, kamen sie auch zu ihm. Seinem Gesicht konnte man nicht ansehen, wie er darüber dachte, oder ob er dankbar war dafür.
Eines Tages fragte ich ihn bei der Visite, ob er sich bewußt sei, aus welchem Geist diese jungen Mädchen, die Schwestern, das alles für ihn täten? Mit seinem gesunden Auge zwinkerte er mir zu: »Ja«.
»Und haben Sie sich auch schon einmal gefragt, warum jene Indianer, Heiden und Animisten, die nichts von Gott und Jesus wußten, Sie nicht einfach umbrachten oder liegen ließen? Ihr Vieh an sich nahmen und weiterzogen, sondern Sie unter solch großen Opfern und Strapazen den weiten Weg hierhergebracht haben, ohne je eine Belohnung dafür erwarten zu können? Sehen Sie ein, daß es eine höhere Macht gibt, einen Gott, der alles lenkt, wie es ihm gefällt? Ihnen wäre es sicher viel lieber gewesen, man hätte Sie liegen und einen schnellen Tod sterben lassen, stimmt's?«
Das Auge blickte: »Ja«.
»Sicher denken Sie jetzt: ›Ja, es gibt einen Gott, aber es ist

ein Gott der Rache, er zahlt mir's jetzt heim, das ich nichts von ihm wissen wollte, was habe ich davon?‹ Aber denken Sie daran: ›Die Leiden dieser Zeit sind nichts im Vergleich zu der Herrlichkeit, die uns erwartet‹. Gott ist nicht ein Gott der Rache, sondern ein Gott der Liebe, denn: ›Also hat Gott die Welt geliebt, daß er seinen eingeborenen Sohn gab, auf daß alle, die an ihn glauben, nicht verloren werden, sondern das ewige Leben haben. Denn Gottes Sohn ist nicht in die Welt gekommen, daß er die Welt richte, sondern daß die Welt durch ihn selig werde. Wer an ihn glaubt, wird nicht gerichtet; wer nicht an ihn glaubt, der *ist* schon gerichtet, denn er glaubt nicht an den Sohn Gottes‹. Sie gehen jetzt durch einen dunklen Tunnel, aber an dessen Ende sehen Sie schon den Lichtschein, der Sie erwartet: Das ist die versprochene Herrlichkeit. Gerichtet hatten Sie sich schon selber in Ihrem Leben, denn was war das für ein Leben? Für die Erfahrung, die Sie jetzt machen, hat Gott Sie am Leben erhalten, als damals die Indianer Sie gefunden haben. Die Leiden dieser letzten Monate waren kein zu hoher Preis für die Erfahrung.«

Seine linke Hand, die er noch bewegen konnte, faßte nach meiner und drückte sie ganz fest, einmal, zweimal, dreimal. In seinem Auge las ich Dank, und eine Träne tropfte herunter. Und ich heulte mit.

Bald darauf ist er gestorben, wie ich fest glaube: Selig!

Mit Mamma gespeist

Ich finde, Amerikaner sind oft recht originelle Leute. Sie verbinden so gerne weltliche und geistliche Dinge. Von ihnen kann man lernen, den Glauben als einen Bestandteil des täglichen Lebens zu betrachten, nicht nur als eine Sonntagsangelegenheit.

Als wir noch im paraguayischen Busch arbeiteten, wohnte uns gegenüber ein amerikanisches Ehepaar, ganz liebe

Leute, mit denen wir noch heute, nach über dreißig Jahren, in Verbindung stehen.

Er war ein »Agriculturer«, also ein studierter Landwirt, der die landwirtschaftliche Versuchsstation leitete, neue Anbaumöglichkeiten ausprobierte, Viehzuchtverbesserungen einführte, Saatgut züchtete und vieles mehr. Wochentags ein hart arbeitender Mann, sonntags predigte er in der Kirche.

Seine Frau betrieb auf ihre Weise Entwicklungshilfe, indem sie mit den vorhandenen Rohstoffen probierte, den eintönigen Küchenzettel abwechslungsreicher zu gestalten. So entstanden viele neue Kochrezepte aus den einheimischen Zutaten, die man früher nie für möglich gehalten hätte. Sie gab Kochkurse für junge Mädchen und Frauen. Schließlich entschloß sie sich, ein Kochbuch für die Chacofrau herauszugeben, und zwar in Kalenderform, für jeden Tag des Jahres drei Mahlzeiten. Um das Angenehme mit dem Nützlichen zu verbinden oder besser, die leibliche mit der geistlichen Nahrung zu kombinieren, schrieb sie auf der linken Seite eine Bibelstelle, eine kurze selbstverfaßte Andacht, ein Lied und ein Gebet, auf der rechten die Rezepte für Frühstück, Mittag- und Abendessen, für das ganze Jahr hindurch.

Als Titel für das kleine Werk erschien ihr am passendsten:

»Mit Manna gespeist«

Leider schickte sie aber den Druckauftrag nicht nach Deutschland, sondern nach USA, wo ein amerikanischer Setzer die beiden nn mit zwei mm auswechselte, und so kam die erste Auflage des Buches in den Chaco mit der Überschrift:

»Mit Mamma gespeist«

Und obwohl sie, die Enttäuschte, alle Exemplare einzeln mit der Hand ausbesserte, hieß ihr Werk fortan »Mit Mamma gespeist«.

(Miss) Harriet Ottilia Peterson

Es gibt Menschen, die so von einem Wunsch beseelt, von einer Idee besessen sind, daß ihnen kein Opfer zu groß ist, um ihr Ziel zu erreichen. So eine war (Miss) Harriet Ottilia, das (Miss) vor ihrem Namen in Klammern war eine ihrer Eigenheiten.

Sie kam im Chaco mit einem Ohrenleiden zu uns ins Krankenhaus. Eigentlich eine verschrumpelte alte Jungfer, häßlich wie die Nacht, hatte sie bei oberflächlicher Bekanntschaft überhaupt nichts Bemerkenswertes an sich. Sie lebte tief drin im Busch als Missionarin unter einem bis dahin noch unentdeckten Stamm, sie ganz allein als einzige Weiße unter lauter nackten wilden Indianern.

Als wir sie kennenlernten und wir uns zum erstenmal mit ihr unterhielten, war sie von einer so überströmenden Herzlichkeit und solch kindlicher Fröhlichkeit, daß wir sie spontan zu uns ins Haus einluden – sie war ja als Patientin ins Krankenhaus gekommen –, weil wir spürten: Das ist ein Mensch, den näher zu kennen sich lohnt!

Einer ihrer Aussprüche ist bei uns unvergessen und in unserer Familie zum geflügelten Wort geworden:

Was immer Erika zu essen auf den Tisch brachte, und sei es auch nur die allereinfachste Kartoffelsuppe, Harriet brach in einen Freudenschrei aus.

»Oh my, potato soup! My favorite dish! My, Erika, you're a wonderful cook!«

Und das jeden Tag, bei jeder Mahlzeit, jedes Essen war ihr »favorite dish«.

So nach und nach erfuhren wir von ihr, was es mit ihrer missionarischen Tätigkeit auf sich hatte.

Sie war norwegischer Abstammung (daher Peterson), aber schon in Chicago geboren. Ihr Vater war gestorben, als sie noch ein Schulmädel war. Da ihre Mutter kränklich war, mußte sie schon früh für diese und für sich selber sorgen und hatte keine Gelegenheit, ein College oder gar eine Universität zu besuchen. Als »clerk typist« bei einer Eisenbahngesellschaft verdiente sie schlecht und recht den Unterhalt für sich und ihre Mutter. Aber es war von Jugend auf ihr brennender Wunsch gewesen, Missionarin zu werden. So lange ihre Mutter noch lebte, war daran gar nicht zu denken gewesen.

Als diese dann gestorben war, rückte ihr Ziel schon in greifbarere Nähe. Aber wo auch immer sie sich bewarb, war die erste Frage: »Welche Vorbildung haben Sie?«

Es ist nämlich nicht so, wie die meisten Leute sich vorstellen, daß man Missionar allein mit dem Wunsch, das Evangelium hinauszutragen, werden kann. Heutzutage werden in der Mission nur noch qualifizierte Fachkräfte gefragt. Ärzte, Lehrer, Krankenschwestern, Architekten, Theologen mit der Qualifikation, an theologischen Hochschulen des betreffenden Landes zu unterrichten, da die eigentliche missionarische Arbeit unter Eingeborenen fast nur noch von einheimischen Missionaren und Katecheten – weil mit viel größerem Erfolg – ausgeübt wird. Facharbeiter mit der Befähigung, an einheimischen Berufsschulen zu unterrichten, werden ebenfalls benötigt.

Die arme Harriet wäre vielleicht schließlich sogar als »clerk typist« hinausgeschickt worden, da man Sekretärinnen ja auch braucht in der Mission. Aber das war nicht ihr Wunsch, sie wollte selber Missionarin sein.

Schließlich kam sie mit der »New Tribes Mission« in Verbindung, einer jener Missionen, die ihren Missionaren keinen Pfennig bezahlen, man nennt sie in Amerika »faith mission«: Das heißt, daß der Missionar nur im Vertrauen auf Gott hinausgeht, ohne jede Sicherheit, ein regelmäßiges Gehalt zu bekommen, ohne für Krankheit oder fürs Alter versichert zu sein, ganz auf Spenden missionsfreudiger Gemeinden oder Freundeskreise angewiesen, oder aber von seinen eigenen Ersparnissen lebend.

Harriet hatte nun das gefunden, was sie gesucht hatte. Sie meldete sich und fragte, wohin man sie senden wolle, wieviel man dort monatlich zum Leben brauchte, und als sie erfuhr, daß man im paraguayischen Busch mit einer für amerikanische Verhältnisse lächerlich anmutenden Summe auskommen könne, stand ihr Entschluß fest. Sie wollte noch so viel sparen, daß sie fortan von den Zinsen ihrer Ersparnisse ein anspruchsloses Leben im Busch führen konnte. Dazu mußte sie noch einmal einige Jahre auf ihrem Posten als clerk typist aushalten. Als es endlich soweit war, war sie schon über fünfzig Jahre alt, aber endlich hatte sie es geschafft. Nach einer kürzeren Vorbereitungszeit auf einer Missionsschule und nach einem Spanischkurs wurde sie endlich von der »New Tribes Mission« eingesegnet und als Missionarin ausgesandt.

Daß sie dann bei ihrem neuentdeckten, wilden Indianerstamm kein Wort ihrer Spanischkenntnisse brauchen konnte, weil die Indianer kein Wort Spanisch konnten und immer nur »Bahnhof« verstanden, enttäuschte sie nicht im mindesten. Mit Eifer lernte sie die Indianersprache, was übrigens nicht schwer ist, da diese einfachen Sprachen nur einen sehr geringen Wortschatz, so gut wie keine Grammatik und auch fast keine Überbegriffe haben (Beispiel: »Tier«, »Pflanze«, »Wetter«, »Krankheit«) und jedes Ding nur seinen eigenen Namen hat.

Und nun war sie alt und krank, ihr Gehör wurde immer schlechter, ihre Missionarszeit ging zu Ende. Nach Hause zurück konnte sie nicht, weil dort ihre Ersparnisse unmöglich gereicht hätten, um ihr Leben zu fristen; sie wollte auch gar nicht, sie wollte ihr Leben auf dem Missionsfeld beschließen.

Die »New Tribes Mission« hatte in der Hauptstadt Asunción ihr Verwaltungsbüro, auch einige Missionarsfamilien lebten da, weil sie ja ihre Kinder auf die Schule schicken mußten, der jeweilige Missionarvater war draußen im Busch und kam nur gelegentlich mit dem kleinen Missionsflugzeug zur Familie heim – sie waren alle Piloten, die New Tribler.

Harriet wurde nun doch »clerk-typist«-missionary, sie mie-

tete sich ein kleines, bescheidenes Zimmerchen und bekam das Essen bei der jeweiligen Missionarsfamilie, bei der sie an dem Tag die Korrespondenz wegtippte. Sie war happy, ihr Leben in der Mission auf diese Weise beschließen zu können, und jeder ihrer Briefe mit »(Miss) Harriet Ottilia Peterson« unterschrieben, war voll Dank, daß sie ihrem Herrn bis an ihr Lebensende dienen durfte.
Auch ein »Mensch, den man nicht vergißt«.

Der Eisenhans

Er ist mir nicht in Erinnerung geblieben, weil er auf irgendeine Art ein Vorbild war, sondern wegen seines absonderlichen Schicksals.
Wir lebten ein paar Jahre in Syrien, wo ich an einem evangelischen Krankenhaus als Chirurg arbeitete. Das Städtchen Nebk, in dem unser Krankenhaus war, lag in einer wüstenähnlichen Gegend, in der es zu unserer Überraschung fast das ganze Jahr hindurch kalt war, und das in Arabien! Damit hatten wir überhaupt nicht gerechnet! Der Grund dafür war die Höhe, nämlich 1800 Meter über dem Meeresspiegel.
Als wir so einige Monate lang gefroren hatten, sagte ich: »Ich *muß* jetzt einmal irgendwohin fahren, wo es warm ist! Auf, laßt uns ans Rote Meer fahren!«
Gesagt, getan. Wir packten Zelte, Schlafsäcke und Decken, Kochgeschirr und Verpflegung samt einem Benzinkocher in den VW-Bus, luden unsere Kinder ein, und unser Helmut Rauch, der Mann für alles, war der Chauffeur, da er als gelernter Automechaniker im Falle einer Panne auch reparieren konnte, was mir als Doktor natürlich nicht möglich gewesen wäre. Es sollte ja immerhin 600 km durch die arabische Wüste gehen.
Unser Ziel war der Golf von Aqaba, der für seine herrlichen Korallen und seine Fischwelt berühmt sein sollte wie kaum ein anderer Platz der Erde.

Kaum angekommen, zogen wir uns alle sofort die Badehosen an und stürzten uns in die blauen Fluten. Aber – o weh! Schon beim Hineinwaten schnitten uns die messerscharfen Korallen die Füße wund und die Seeigel bohrten ihre Stacheln mit Widerhaken in unsere Fußsohlen und die waren kaum zu entfernen. Das war eine böse Überraschung, denn wir wußten nicht, wie wir hier auf unsere Kosten kommen sollten. Wir hatten uns ja schon so sehr auf unser Korallenabenteuer gefreut.

Als wir so enttäuscht und ratlos am Ufer standen, kam ein kräftiger, braungebrannter junger Mann in Badehosen vorbei und sprach uns auf arabisch an. Wir konnten damals noch nicht so viel, daß wir ihn verstehen konnten und zuckten bedauernd mit den Schultern. Darauf sprach er englisch. Er wollte wissen, was unser Problem sei, und wir zeigten ihm unsere zerschundenen Füße.

»Ja«, meinte er, »Sie können hier unmöglich barfuß ins Meer hinein waten, die Korallen sind messerscharf und zerschneiden Ihnen die ganzen Fußsohlen. Sie können nur zweierlei tun: Entweder Sie ziehen, wie ich, Turnschuhe an, oder aber Sie mieten ein Boot und fahren hinaus in den Golf, wobei der letzte, der einsteigt, entweder einen großen Sprung machen muß, oder eben Turnschuhe anhaben. Ich wünsche Ihnen einen schönen Aufenthalt, aber passen Sie ja auf, daß es Ihnen nicht so geht wie mir! Ich bin vor drei Jahren hierhergekommen und bin der Korallenwelt so verfallen, daß ich nicht mehr los kam davon.«

Dann erzählte er uns eine abenteuerliche Geschichte. Er sei, als sein Urlaub vorübergewesen sei, einfach nicht mehr nach Hause gefahren, sondern hiergeblieben. Als sein Geld alle gewesen sei, so daß er sich keine Lebensmittel mehr habe kaufen können, habe er angefangen zu fischen, und von da an bis heute habe er sich ausschließlich von Fischen ernährt, die er an einem offenen Feuer brate. In einer Felsennische habe er sich notdürftig eine Unterkunft eingerichtet. Kalt werde es hier ja so gut wie nie, und daß dies die regenärmste Gegend der Erde sei, wisse ja jeder. Mit der Zeit seien seine Kleider, mit denen er in den Urlaub hierher gefahren sei, zerrissen und zerschlissen gewesen, und so sei diese Badehose da sein einziges Kleidungsstück, das er so alle halben Jahre erneuere. Geld? Brauche er nicht, wozu denn?

»Ja«, gab er zu, »etwas Geld brauche ich doch, ich muß mir ab und zu Tee kaufen, das Rauchen habe ich auch noch nicht ganz aufgegeben, also Zigaretten, und wie gesagt alle halben Jahre eine neue Badehose. Ach ja, und noch etwas, Zündhölzer zum Feuermachen.«

Woher er denn das Geld nehme, wo er doch nichts arbeite und verdiene?

»Da hole ich Korallen aus dem Meer, bearbeite sie, damit sie schön weiß werden – sie verlieren ihre natürliche Farbe, die sie im Meer haben, sofort, sobald sie an die Luft kommen und werden ganz unansehnlich graubraun – und diese präparierten Korallen verkaufe ich in Aqaba an Touristen. Dies ist das einzige Geld, das ich brauche. Nie hätte ich mir früher träumen lassen, wie wenig ein Mensch zum Leben braucht, um glücklich sein zu können. Und ich *bin* glücklich und zufrieden.«

Er führte uns dann an seine »Wohnstelle«, eine kleine Felsenbucht mit überhängendem Fels, die er noch mit einigen Felsbrocken windgeschützt gemacht hatte, damit ihm das Feuer nicht ausging. Holz wurde am Strand immer angeschwemmt, auch wir machten während der paar Tage unseres Aufenthaltes mit diesem Schwemmholz unser Feuer zum Kochen. Aber es ist meist feucht und qualmt schrecklich, wenn man es überhaupt zum Brennen bringt. Erika, die alte Pfadfinderin, löste das Problem mit Petroleum, das sie in einer Flasche mitgebracht hatte und über den zum Feuer aufgeschichteten Holzhaufen spritzte, so wie sie es auch während unserer Zeit im paraguayischen Busch gemacht hatte. Als wir wegfuhren, ließ sie ihm den Rest da. Er hatte sich bis jetzt damit geholfen, daß er das nasse Holz an der prallen

Sonne trocknete und womöglich das Feuer niemals ausgehen ließ.

Wir erfuhren, als wir uns gegenseitig vorstellten, daß er Hans Eisen (auf arabisch Joanna Hadid) hieß, und wir nannten ihn von da an Eisenhans.

»Und was tun Sie denn so den ganzen Tag über?« fragte ich ihn. Ich konnte mir einfach nicht vorstellen, daß es einem bei so einem Leben nicht schrecklich langweilig werden müsse.

»In erster Linie muß ich ja Fische fangen, um leben zu können. Und dann schwimme und tauche ich, um mir die Wunderwelt da unten im Wasser anschauen zu können, die mich ja so verzaubert hat, daß ich nicht mehr davon losgekommen bin. Langweilig ist es mir *hier* noch nie geworden.«

»Und was ist, wenn Sie einmal krank oder alt werden?«

»Ach, darüber habe ich mir noch nie Gedanken gemacht. Ich bin hier glücklich und zufrieden, und sterben müssen wir ja alle einmal, oder nicht?«

Und wahrscheinlich ist er schon einen Tag später gestorben, denn wir kamen auf der Rückreise in einen Schneesturm und waren 23 Stunden mit dem VW-Bus im Schnee begraben. Und das an einem Ort, wo es seit 110 Jahren nicht mehr geschneit hatte und der als einer der heißesten der Erde gilt. *Wir* sind mit knapper Not mit dem Leben davongekommen, der Eisenhans wahrscheinlich nicht.

Herbert, ein Wanderer Gottes

Seine Vorfahren, ich weiß nicht, ob Groß- oder Urgroßeltern, waren aus Polen nach Deutschland eingewandert, ins Ruhrgebiet, wo sie als Bergleute gearbeitet hatten. Sein Vater, dem dieser Beruf offenbar zu schwer gewesen war, hatte sich abgesetzt und war nach Dresden gezogen, wo dann Herbert als jüngstes von vier Geschwistern geboren wurde. Nach der mittleren Reife, kaum 17 Jahre alt, war er im

Zweiten Weltkrieg zur Wehrmacht eingezogen worden und hatte es im Rußlandeinsatz bis zum Leutnant gebracht.
Zum Glück war seine Einheit noch vor Kriegsende nach Italien verlegt worden, so daß er nicht in russische, sondern in amerikanische Gefangenschaft kam. So konnte er mit Hilfe eines Kameraden, dessen Eltern in der amerikanischen Zone wohnten, in den Westen entlassen werden anstatt in die Ostzone, wie das damals noch hieß.
Da er von der Schule weg zum Heer eingezogen worden war, hatte er noch keinen Beruf erlernen können. Er beschloß, nach Kanada auszuwandern. Dort, wie auch in den USA, gibt es bekanntlich nicht diese streng geregelte Berufsausbildung mit Lehrvertrag und Berufsschule wie bei uns, sondern man geht in einen Betrieb als Arbeiter, guckt sich das ab, was man lernen möchte, und wenn man glaubt, es zu können, verdingt man sich in einem anderen Betrieb als Mechaniker, Schlosser, Schreiner, Installateur oder was immer. So war es möglich, daß Herbert sich in vielerlei Berufen selbst ausbilden konnte, was ihm später sehr zugute kam.
Auf einer Evangelisation bekehrte er sich, er, der früher nie viel von Religion gehalten hatte, und nun war es sein brennender Wunsch, Gott auf irgendeinem Missionsfeld auf irgendeine Art und Weise zu dienen.
So lernten wir ihn kennen, als wir nach Syrien kamen, wo wir ein Missionskrankenhaus, welches seit einigen Jahren nicht mehr im Betrieb gewesen und vollständig heruntergewirtschaftet war, wieder in Schwung bringen sollten. Herbert hatte man uns mitgegeben, um eventuell noch reparaturfähige Geräte instand zu setzen, oder aber neue zu installieren. Da lernten wir zum erstenmal, was ein »allroundman« alles kann. Automechaniker, Feinmechaniker, Installateur, Elektriker, es gab einfach nichts, was er nicht konnte. Besonders wertvoll war er für uns, um zwischen Arabien und Deutschland hin und her zu fahren, Nachschub an Medikamenten, Instrumenten und medizinischen Geräten herbeizuschaffen.

Wenn unsere Kinder Sommerferien hatten, die in Arabien 3 Monate dauern, dann nahm Herbert sie mit, so daß er für sie ein echter Onkelersatz wurde. Einmal hatte Erika sich vorgenommen, die weltberühmten Freilichtfestspiele in der Ruinenstadt Baalbek zu besuchen. Sie hatte geplant, diesen Besuch mit der Heimfahrt nach Deutschland zu verbinden, so daß sie die Reise auf einen bestimmten Termin festgesetzt hatte. Plötzlich kam Herbert und sagte: »Ich fahre morgen nach Deutschland, kommt ihr mit?«

»Ja, selbstverständlich«, sagte Erika, »es war doch alles besprochen. Nur hatten wir uns ja vorgenommen, auf dem Hinweg die Baalbeker Festspiele zu besuchen, und die finden erst nächste Woche statt.«

»Dann tut es mir leid, dann müßt ihr sehen, wie ihr nach Deutschland kommt, denn *ich muß* morgen fahren.«

»Wieso mußt du morgen fahren, wer zwingt dich dazu?« fragte Erika.

»Das kann ich dir nicht beantworten, ich *muß* eben fahren, basta.«

Da merkten wir zum erstenmal, daß er diesen unwiderstehlichen Wandertrieb hatte, den er sich selber nicht erklären konnte. Später hat er uns dann einmal erzählt, weshalb er nicht geheiratet hatte.

»Was hätte es denn für einen Zweck gehabt, eine Familie zu gründen, wenn ich es nirgends lange aushalte und wenn mich plötzlich der Drang überfällt, wegzufahren?«

An Heiratsmöglichkeiten hätte es ihm wahrlich nicht gefehlt, denn wo immer er auch hinkam, war er der Hahn im Korb, und alle weiblichen Mitarbeiter gackerten um ihn herum: »Ach Herbert, Herbert hier und Herbert da«, aber er war so fromm, daß es ganz undenkbar für ihn gewesen wäre, sich mit irgendeiner intim einzulassen.

Nachdem seine Aufgabe bei uns erfüllt war, machte er viele ähnliche Einsätze in verschiedenen Erdteilen. Irgendeine Organisation oder Missionsgesellschaft fragte bei ihm an, ob er eine Aufgabe hier oder da übernehmen könne, ob er gerade frei sei, und er sagte spontan zu. Als ich später einige Male Ferieneinsätze in verschiedenen afrikanischen Ländern machte, wo ich oft an den Missionsspitälern katastrophale Zustände vorfand, schickte ich ihn hinterher, ausgerüstet mit den erforderlichen Ersatzteilen, an den betreffenden Platz, wo er dann gewöhnlich in drei Monaten alles funktionsfähig instand gesetzt hatte.

Einmal, als er von einem Einsatz in Nigeria zurückgekommen war, fragte ich ihn: »Du, sag einmal, wer bezahlt denn überhaupt deine Rentenversicherung und Krankenkassenbeiträge, wenn du alle paar Monate in einem anderen Land arbeitest?«

»Niemand.«

»Wie denn«, sagte ich, »du willst doch nicht behaupten, daß du weder altersrenten- noch krankenversichert bist?«

»Doch, ich bin gar nirgends versichert.«

»Und wie stellst du dir das vor, wenn du einmal alt oder krank bist, wovon willst du denn dann leben oder deine Krankenhausrechnung bezahlen, falls es einmal so kommen sollte?«

»Ach, dann wird Gott, dem ich so viele Jahre gedient habe, schon für mich sorgen. Ich bin gewiß, er wird mich nicht im Stich lassen.«

»Nun, dein Gottvertrauen in allen Ehren«, sagte ich, »ich selber bin auch erst mit 53 Jahren zum erstenmal in die Rentenkasse gegangen und hatte damals schon fünf Kinder. Aber ich hatte ja in Südamerika meine Rinderherde, mit der meine Familie ausreichend versorgt gewesen wäre, wenn mir etwas passiert wäre. Und daß du bei uns bleiben kannst, wenn die Zeit kommt, wo du nicht mehr arbeiten kannst, das weißt du. Aber ich bin immerhin 10 Jahre älter als du, und wer weiß, ob ich nicht vor dir sterbe. Ich mache dir einen Vorschlag: Lasse dich doch von einer oder mehreren Missionsgesellschaften anstellen, die kennen dich ja jetzt so gut, daß sie wissen, welch unersetzliche Kraft du bist. Sicher sind sie bereit, dich ordentlich anzustellen und deine Bei-

träge für die Alters- und Krankenversorgung zu bezahlen. Was meinst du dazu?«
»Vielleicht hast du recht, aber mir kommt es wie ein Mangel an Gottvertrauen vor. Steht nicht geschrieben: ›Sehet die Vögel unter dem Himmel an, sie säen nicht, sie ernten nicht, sie sammeln nicht in die Scheunen, und euer himmlischer Vater ernährt sie doch‹? Ich möchte als ein Christ so leben, wie Jesus es uns gelehrt hat.« Ich sah ein, daß ich ihm mit keinen Vernunftgründen beikommen konnte.
Also wendete ich mich an einige Missionsgesellschaften, von denen ich wußte, daß sie Projekte im vorderen Orient unterhielten, und die ihn auch schon kannten, entweder weil er schon für sie gearbeitet hatte, oder aus Berichten von anderen, denn in diesen Kreisen spricht sich so etwas schnell herum, wenn ein solcher Alleskönner irgendwo einen Einsatz gemacht hat. Die waren denn auch sofort bereit, ihn anzustellen. Ich sagte ihnen, sie sollten ja nichts verlauten lassen, daß ich die Sache eingefädelt hatte, weil er sonst mit Sicherheit abgesagt hätte.
Sie traten also an ihn heran und schlugen ihm vor, ihn regulär als Missionsarbeiter anzustellen und seine Sozialabgaben für ihn zu bezahlen. Da er nicht selber um eine Anstellung nachgesucht hatte, betrachtete er es nicht als einen Mangel an Gottvertrauen, wenn er zusagte.
Es wurde vereinbart, daß er einige Projekte in verschiedenen Erdteilen, Krankenhäuser, Schulen, Waisenhäuser, betreuen sollte, jeweils im Wechsel von drei Monaten; so war dann auch seinem Wandertrieb Rechnung getragen und alles war aufs beste geregelt.
Viele Jahre, ja ein paar Jahrzehnte lang, hat er so gearbeitet, bis er ins Rentenalter kam. Aber als Rentner daheim herumzusitzen und nichts zu tun, war nicht seine Sache. Er schlug den Missionsgesellschaften vor, ohne Lohn seine seitherige Arbeit weiter zu tun, wenn er nur Wohnung und Essen frei bekäme, denn er könne doch gut mit seiner Rente auskommen.

So hat er seine Arbeit weiter getan, bis er, schon in den Siebzigern, eines Nachts von einem unbeleuchteten Baugerüst fiel (in den Entwicklungsländern sind die Bauvorschriften nicht so streng wie bei uns) und beide Beine brach, und zwar an ganz schwierigen Stellen, den Fersen. Im örtlichen Krankenhaus taten sie nichts als die Beine eingipsen, und als der Gips nach ein paar Wochen abgenommen wurde, war alles so katastrophal zusammengeheilt, daß er nicht mehr gehen konnte, nicht einmal an Krücken. Für uns war er längst zum Bruder geworden (ein Bruder in Christo war er sowieso), er hatte viele Jahre hindurch bei uns Weihnachten verlebt, und immer, wenn er zur Tür hereinkam, war seine erste Frage: »Irgend etwas zu reparieren?« Wir hatten wohlweislich schon monatelang vorher alles aufgeschrieben, was es zu reparieren galt und zeigten ihm die Liste. Er machte sich unverzüglich an die Arbeit und wenn sein Urlaub zu Ende war, erstrahlte unser ganzer Haushalt wieder in altem Glanz.
Und nun war er Invalide geworden. Wir holten ihn zu uns nach Deutschland und brachten ihn in ein renommiertes Rehabilitationskrankenhaus. Dort sagten die Ärzte, die Bruchstellen seien so unglückselig verheilt, daß man nichts mehr machen könne. Durch eine Operation würde womöglich alles noch schlimmer. Man verordnete ihm orthopädisches Schuhwerk und einen Rollstuhl, und dabei sollte es bleiben. Herbert aber hatte in England auch Freunde, die er in der Missionsarbeit kennengelernt hatte, und die luden ihn ein, in eine englische Reha-Klinik zu kommen, vielleicht könne man ihm da helfen.
Trotz unserer Bedenken – unser deutscher Hochmut ließ es doch nicht zu, daß die in England mehr können sollten als unsere Spezialisten in Deutschland! – flog er hinüber, wurde operiert und kam geheilt zurück, brauchte weder Rollstuhl, noch Krücken, noch orthopädisches Schuhwerk!
Inzwischen sind mehrere Jahre vergangen, seit er als Krüppel zu uns gekommen war, und nun, da er wieder hergestellt war, wollte er nicht mehr länger bleiben. Er ging zurück aufs

Missionsfeld, wo er, wie er sagte, sterben wollte, wenn es soweit sei.
Herbert, der Wanderer Gottes, so hatten wir ihn genannt.

Der Schlangenbiss

Aus einem kleinen Dorf in Afrika, dessen Bevölkerung schon beinahe ganz christlich war, wurde uns eine alte Frau mit einem Schlangenbiß ins Krankenhaus gebracht. Leider war es zu spät: Trotz aller Serumspritzen starb sie an Hämolyse (Blutauflösung). Das Gift hatte auf dem langen Transport schon seine Wirkung getan.
Sie war eine alte Frau und hatte keine gute Ehe geführt, hatte viele Jahre von ihrem Mann getrennt gelebt. Der war eines Tages im Busch verschwunden, hatte Frau und Kinder sitzen lassen. Dann, nach vielen Jahren, war er arm und krank wieder aufgetaucht, nachdem die Kinder groß geworden waren, und hatte bei seiner Frau Pflege und Unterschlupf gesucht. Niemand wußte so recht, wer von den beiden an dem Zerwürfnis schuld war, und so lebten sie schlecht und recht bei ihren Kindern auf dem Hof, mehr geduldet als geliebt. Und nun war sie tot.
Wie bei allen Patienten, die im Krankenhaus starben, machte unser Personal die Leiche zum Begräbnis fertig und alle, die dienstfrei waren, fuhren mit zum Begräbnis, bei dem auch der Krankenhauschor am Grab das letzte Lied sang.
Nun ist es im Busch, besonders in Afrika, nirgends üblich, dem Verstorbenen alles Gute nachzusagen, auch wenn es gar nicht stimmt. Das Begräbnis wird als eine Gelegenheit betrachtet, den Lebenden ins Gewissen zu reden, damit sie einen Gewinn davon hätten, und daher wird kein Blatt vor den Mund genommen.
Da saßen sie also in der kleinen Dorfschule um den offenen Sarg, der Alte, die verheirateten Kinder und die Enkel, und der Pfarrer donnerte: »Da liegt sie nun, gestern noch frisch

und munter, heute grau (die Schwarzen werden im Tode grau) und tot! Dahingefahren ist sie in ihren Sünden. Unbußfertig und unbekehrt muß sie am jüngsten Tag vor ihrem Richter stehen! Sie spricht zu euch, ihr Hinterbliebenen, eine deutliche Sprache, wenn sie auch ihren Mund nicht mehr aufmachen kann. Bekehret euch, so lange es Zeit ist! Wer weiß, wer von euch morgen hier liegen wird und nicht mehr bereuen kann! Das gilt vor allem dir, dem Ehemann, der du einen liederlichen Wandel geführt hast. Du hast gehurt und gesoffen, hast Frau und Kinder im Stich gelassen, bis du selber am Verhungern warst, und selbst jetzt säufst du noch weiter! Darum ihr alle. Bekehret euch, bekehret euch, so lange es noch Gnadenzeit ist!«

Uns Missionsleuten, die von daheim so ganz andere Leichenpredigten gewohnt waren, lief es heiß und kalt den Rücken herunter, und wir liefen vor Scham rot an, obwohl uns ja keiner gemeint hatte. Der Alte und die Kinder und Enkel jedoch saßen mit unbewegten Gesichtern da, es war ihnen nicht anzusehen, was in ihnen vorging.

Als die Predigt – oder besser Philippika – zu Ende war, sangen wir einen Choral, dann wurde der Sarg auf ein Ackerfuhrwerk, von zwei Ochsen gezogen, geladen, und die kleineren Enkel hüpften hinauf und setzten sich auf den Sarg, mindestens acht oder zehn! Der Trauerzug formierte sich, um hinaus auf den Friedhof zu ziehen. Der Alte führte den Zug an, gleich hinter dem Sarg, und rief mit lauter Stimme: »Venez, Monsieur le Docteur (es war ein frankophones Land), allez avec moi, voilà!« (Kommen Sie, Herr Doktor, gehen Sie mit mir, so ist's recht!) Kaum hatte der Trauerzug sich in Bewegung gesetzt, schrie er weiter, so laut, daß man's bis zum letzten Trauergast hören konnte: »Monsieur le Docteur, mon fils m'a écrit de la France – car il est en France –: ›Papa‹, m'a-t-il écrit, ›venez chez moi en France! Ici la bière est très bon marché et très bonne!‹ Et maintenant, que ma vieille est morte, je m'en irai en France pour goûter cette bière délicieuse, ha, ha, ha! Et quand j'aurai

goûté la bière, et mon fils ne voudra plus de moi, je rentrerai chez moi en Afrique, elle ne m'échappera pas, n'est-ce-pas?«
(»Herr Doktor, mein Sohn hat mir aus Frankreich geschrieben – der ist nämlich in Frankreich –: ›Papa‹, hat er geschrieben, ›warum kommen Sie nicht mal zu mir nach Frankreich? Hier ist das Bier ganz billig und sehr gut!‹ Und jetzt, wo meine Alte tot ist, werde ich mal nach Frankreich reisen und das gute, billige Bier dort probieren, ha, ha, ha! Und wenn ich es genug probiert habe und mein Sohn mich satt hat und nicht mehr haben will, dann geh ich eben nach Afrika zurück, das läuft mir nicht davon, oder?«)
Unter solchen Reden erreichten wir schließlich den Friedhof, sangen am offenen Grab noch ein Lied, und als es zugeschüttet war, machten wir, daß wir mit unserem Jeep nach Hause kamen.
Das war die unvergeßlichste Beerdigung meines Lebens.

Mathias

Als er zum erstenmal in meine Praxis kam, war er noch ein junger Bursche von etwa 18 Jahren. Er machte einen so frischfröhlichen Eindruck, daß er mir sofort als etwas Besonderes auffiel. Ich interessierte mich für seine Lebensumstände und erfuhr zunächst nur so viel, daß er ein Krankenpflegeschüler war, und zwar mit dem einjährigen Kursus, da er nur Volksschulbildung hatte. Später, als wir uns besser kannten, erzählte er mir dann seine Lebensgeschichte.
Seine Mutter hatte 6 oder 8 (ich weiß das nicht mehr genau) uneheliche Kinder von lauter verschiedenen Männern. Die Kinder wurden ihr gleich nach der Geburt vom Jugendamt weggenommen und in Heime gesteckt, wo sie aufgezogen wurden, bis sie selbständig im Berufsleben standen und für sich selber sorgen konnten. So hatte Mathias nie seine Mutter und noch viel weniger seinen Vater gekannt. Vom Leben

im Heim hatte er als das schlimmste empfunden, daß er nicht in *einem* Heim bleiben konnte, sondern immer wieder in andere verlegt wurde; warum, das war ihm nie klargeworden. Und noch etwas war schlimm für ihn gewesen: Der ständige Wechsel der Betreuer. Die meisten von ihnen machten nur das im Berufs-Ausbildungsgang vorgeschriebene Praktikum, und kaum hatte er sich an einen gewöhnt, so war dessen Praktikum beendet und er verschwand auf Nimmerwiedersehen.

Die Heimleiter aber, die ständig da blieben, kümmerten sich kaum um die einzelnen Kinder, da sie mit der Verwaltung mehr als ausgelastet waren. Über schlechte Behandlung konnte er eigentlich nicht klagen, der Mangel an *einer* Bezugsperson war für ihn am schmerzlichsten gewesen.

Gerne hätte er den Beruf eines Heimbetreuers ergriffen, jedoch konnte er ohne höhere Schulbildung diesen Wunsch nicht verwirklichen. Einen Sozialberuf wollte er aber unter allen Umständen haben, und so bewarb er sich an einer Krankenpflegeschule für den einjährigen Kursus, da er wußte, daß er dann nach einigen Berufsjahren die dreijährige Ausbildung zum Vollkrankenpfleger absolvieren konnte.

Vor einem Jahr hatte er sich bei einer Zeltevangelisation bekehrt und war ein gläubiger Christ geworden. In seinem Pflegekursus lernte er ein Mädchen kennen, das aus einer gläubigen Familie stammte, und er verliebte sich in sie. Aber als sie ihn ihren Eltern vorstellte und er denen seine Lebensgeschichte erzählt hatte, widersetzten sie sich aufs heftigste einer Verbindung ihrer Tochter mit einem Mann aus »solchen Verhältnissen«. Sie waren also keine echten, sondern Pharisäer-Christen. Die beiden jungen Leute liebten sich aber so, daß sie beschlossen, ohne Einwilligung der Eltern zu heiraten, sobald das Mädchen volljährig wäre. Das geschah dann auch ohne großen Pomp und ohne Festerei, ganz schlicht und einfach.

Mathias hatte seine Ausbildung mittlerweile beendet, arbeitete am gleichen Krankenhaus und verdiente seinen Unterhalt, so daß es keine Tragödie bedeutete, als die junge Frau schwanger wurde, obwohl dies nicht geplant gewesen war, da sie vorher gern noch in ihrem Beruf gearbeitet hätte. Die beiden beschlossen, wenn das Kind da wäre, abwechselnd in Tag- und Nachtschicht zu arbeiten, so daß dem Kind nichts abginge. Ich betreute die junge Frau ärztlich während ihrer Schwangerschaft, und als sie ins Krankenhaus zur Entbindung kam, lag mit ihr im selben Zimmer eine nicht verheiratete junge Frau, deren Beziehung zum Vater ihres Kindes schon während der Schwangerschaft in die Brüche gegangen war, so daß sie auf sich selber gestellt war, da sie keine Eltern mehr hatte. Sie trug sich daher mit dem Gedanken, ihr Kind zur Adoption freizugeben, was ihr Mathias auszureden versuchte.

Unser junges Paar, erst 18 und 19 Jahre alt, bekam ein gesundes Kind, die andere Frau ein geistig *und* körperlich schwerst behindertes. Als sie es nach der Geburt sah, stieß sie einen fürchterlichen Schrei aus und rief: »Ich will das Kind nicht, ich will es nicht, macht mit ihm, was ihr wollt!« Aber es war ja nicht daran zu denken, daß sich für solch ein Kind Adoptiveltern finden lassen würden. Blieb also nur Heimunterbringung.

Als Mathias das hörte, sah er seine junge Frau an, und diese wußte sofort, was in ihm vorging. »Heimunterbringung? Niemals!« Ohne große Worte zu wechseln, war es für die beiden beschlossene Sache, daß sie das Kind zu sich nehmen würden.

Von einer Adoption riet ihnen die Krankenhausfürsorgerin jedoch ab, da sie in diesem Falle ganz allein für den Unterhalt aufkommen müßten, während, wenn sie es nur in Pflege nähmen, das Jugendamt für Pflege und Unterhalt aufkommen würde, da die junge Mutter das nicht konnte, der uneheliche Vater aber zum Unterhalt gezwungen würde. Mathias und seine Frau hatten also plötzlich zwei Kinder statt einem, und die junge Mutter stillte vom ersten Tag an alle

beide. Das mißgestaltete Kind entwickelte einen kräftigen Hunger und zeigte einen unbändigen Lebenswillen.
Immer, wenn die beiden jungen Leute mit den beiden Babys zur Vorsorgeuntersuchung zu mir kamen, mußte ich staunen, wie die beiden, die doch selber noch halbe Kinder waren, ihre selbstauferlegte Aufgabe meisterten. Mit dem behinderten Pflegekind gingen sie so liebevoll um, daß man hätte meinen können, dies sei ihr eigenes und das andere das Pflegekind. Wenn ich mein Erstaunen darüber zum Ausdruck brachte und ihnen meine Anerkennung aussprach, meinte Mathias: »Herr Doktor, wir sind doch Christen, ist das nicht selbstverständlich?«
Schon bald stellte sich jedoch heraus, daß die beiden sich mit ihrem Idealismus übernommen hatten. An eine Arbeit in zwei Schichten, wie die beiden es sich vorgestellt hatten, war nun nicht mehr zu denken. Die junge Frau, von zarter Konstitution, war mit ihrer Aufgabe völlig überfordert. Das behinderte Kind wuchs und wuchs, daß es geradezu unheimlich war, und als sich eine zweite Schwangerschaft ankündigte, war gar nicht mehr daran zu denken, daß sie arbeiten gehen könne, vielmehr schaffte sie es nicht einmal mehr, ihren Haushalt mit den zwei Kindern zu versorgen, so daß Mathias ebenfalls seine Arbeit aufgeben mußte, um die Familie zu versorgen. Nun wurde Schmalhans Küchenmeister im Haus, denn das Pflegegeld für das kranke Kind reichte natürlich nicht aus, um die ganze Familie zu versorgen. Durch kleine, schlechtbezahlte und zeitaufwendige Jobs versuchte er sie über Wasser zu halten. Das behinderte Kind, ein Mädchen, hatte keine Kontrolle über den Stuhl- und Urinabgang und mußte gewickelt und gewindelt werden wie ein Baby. Da es auch nicht gehen konnte, mußte es überall hin getragen werden, was natürlich immer schwieriger wurde, je größer es wurde. Alles machte der Vater, die Mutter hatte weder die Kraft und Energie, noch die geringste Lust dazu, erst recht nicht, als das zweite Kind geboren war. Sie drängte darauf, das Pflegekind wegzugeben, aber das wollte Mathias

auf keinen Fall. Seine Frau stellte ihn schließlich vor die Wahl: Entweder das Kind würde weggegeben oder *sie* gehe. Sie machte ihre Drohung wahr und verließ Mann und Kinder, auch ihre eigenen. Für Mathias begann nun eine schwere Zeit, denn allein mit dem Haushalt und den drei Kindern fertigzuwerden, war schier ein Ding der Unmöglichkeit. Immer noch hoffte er, seine Frau würde zurückkommen, aber die reichte die Scheidung ein, und als die vorgeschriebene Wartezeit um war, wurde die Ehe geschieden, wobei dem Vater das alleinige Sorgerecht für die Kinder zugesprochen wurde.

Während dieser ganzen schweren Zeit hatte er einen großen Halt in seiner religiösen Gemeinschaft gefunden, in der er dann auch eine gleichgesinnte Frau fand, die sein Schicksal mit ihm teilen wollte, sobald seine Verhältnisse geregelt wären. Nur so zusammenleben, wie es heute üblich ist, wollten sie beide nicht.

Als sie verheiratet waren, übernahm die Frau die Versorgung des Haushalts und der drei Kinder, und Mathias konnte sich wieder eine Stelle als Pfleger in einem Krankenhaus suchen, so daß finanziell keine Not mehr herrschte. Sie bekamen noch zwei Kinder. Das behinderte Mädchen war inzwischen 20 Jahre alt geworden und mußte vom Jugendamt aus, das ja die ganze Zeit über die Vormundschaft über es gehabt hatte, aus der Familie in eine Einrichtung für behinderte Erwachsene genommen werden.

Neulich habe ich Mathias nach langer Zeit wieder einmal getroffen – er war in den Bereich eines anderen Arztes gezogen – und ich fragte ihn, ob er seinen Idealismus nie bereut habe, auch in den schweren Jahren nicht, als er ganz allein mit seinen Kindern dastand, und er sagte mit dem gleichen strahlenden Lächeln, das er schon als junger Bursche gehabt hatte: »Bereut? Wo denken Sie hin, Herr Doktor, bereut habe ich es niemals, dem Kind eine Heimat gegeben zu haben. Auch jetzt noch, wenn es nicht mehr bei uns wohnt, soll es wissen, daß bei uns seine Heimat ist.«

Das Mondkalb

»Herr Doktor, kommen Sie ganz schnell, mein Papa schlägt uns alle tot!« weinte eine Kinderstimme ins Telefon. Es war schon nach Mitternacht.

Bevor ich noch sagen konnte, sie sollten doch die Polizei holen, hatte das Kind schon aufgelegt. Ich also schnell meinen Trainingsanzug über den Pyjama gezogen und die Klocks an die Füße, damit es schnell geht, ins Auto und weggefahren. Ein Landarzt braucht nicht lange nach der Adresse zu fragen, er weiß alles auswendig. Vor dem Wohnblock hörte man schon Schreien und Toben. Im Treppenhaus öffneten sich die Wohnungstüren, neugierige Mitbewohner spähten heraus.

Droben in der Wohnung raste der Hausvater wie ein Berserker umher und schlug alles kurz und klein. Die Frau empfing mich an der Wohnungstür und flehte: »Geben Sie meinem Mann eine Beruhigungsspritze, um Himmels willen, der ist ja nicht mehr normal.«

Aber als ich es versuchte, kam ich schön an. »*Ich* brauche keine Spritze! Geben Sie meiner Frau eine, wenn Sie wollen! Ich mach das nicht mehr mit hier! Entweder *ich* gehe, oder *die* da!«

Damit meinte er seine Tochter, die auf dem Sofa saß und in die Welt schaute, als ob sie das alles gar nichts anginge. Die hennagefärbten Haare, der glasige Blick und das ausgemergelte, käsige Gesicht verrieten die Rauschgiftsüchtige, die sie war, wie ich von der Mutter schon wußte. Gelangweilt rauchte sie eine Zigarette, vor ihr stand ein Aschenbecher voller Kippen. Der kleine Bruder, der mich vorher gerufen hatte, stand verschüchtert und weinend in der Ecke. Schon seit langem wußte ich, daß die Tochter das Problem dieser Familie war. In Abständen kam sie immer wieder nach Hause, wenn sie kein Geld mehr für »Stoff« hatte, und pumpte ihre Mutter an, wobei sie ihr jedesmal hoch und heilig versicherte, sie wolle jetzt ganz bestimmt loskommen von

dem verderbenbringenden Zeug. Der Vater war für Härte und meinte, wenn sie es wirklich ernst meine mit dem Loskommen, dann wäre sie bereit, in eine Entziehungskur zu gehen, denn alleine schaffe sie es ja doch nie. Ihr auf ihre Versprechungen hin Geld zu geben und immer wieder Geld, das hieße, sie nur immer weiter ins Elend hineinzutreiben. Aber die Mutter war zu schwach zum Neinsagen. Sie meinte immer wieder, durch Liebe und Nachgeben werde sie es schließlich doch noch erreichen, die Tochter zur Umkehr zu bewegen. Sie hatte ein eigenes Geschäft und ihr eigenes Geld, brauchte also den Mann nicht darum zu fragen.
Unglücklicherweise war der Mann durch lange Krankheit arbeitslos geworden. Nachdem er ausgesteuert war, war er auch noch finanziell von seiner Frau abhängig, und das setzte seinem Stolz so zu, daß er es nicht verkraften konnte. Seine Paschastellung war ins Wanken gekommen, und nun versuchte er, durch Toben und Schreien seinen Komplex abzureagieren.
Ich sah natürlich, daß ich hier nichts würde ausrichten können. Aber im Stich lassen konnte ich die Familie in dieser Situation auch nicht. Ihr Telefonnotruf hatte mir gezeigt, daß sie auf mich ihre einzige Hoffnung setzten.
»Ziehen Sie sich schnell etwas über«, flüsterte ich der Frau ins Ohr, »verlassen Sie einzeln nacheinander die Wohnung und setzen sich unten in meinen VW. Ich komme dann nach.« Während sie sich heimlich davonstahlen, versuchte ich, mit dem Mann vernünftig zu reden, und da er mich schätzte, hörte er mir wenigstens zu.
»Ihre Probleme werden wir heute Nacht nicht mehr lösen«, sagte ich. »Es ist doch wohl das Beste, ich gebe Ihnen eine Spritze, damit Sie schlafen können, meinen Sie nicht?«
Nachdem ich sie ihm gegeben hatte, fuhr ich mit der ganzen Familie zu mir nach Hause. Zu allem Überfluß hatten sie noch einen Riesenhund, den wir im Dorf »das Mondkalb« nannten; der hatte auch nicht allein mit seinem tobenden Herrchen in der Wohnung bleiben wollen, war als erster

nach unten gerast und ins offenstehende Auto gesprungen, hatte sich auch nicht mehr daraus vertreiben lassen. Zu Hause angekommen, weckte ich Erika auf und bat sie, einige Gastbetten herzurichten, wir bekämen Gäste. Kaum war das getan und die Familie ins Zimmer geleitet, sprang das Mondkalb voraus und belegte ein Bett für sich allein, so daß wir noch ein viertes Bett herrichten mußten. Wieder und wieder versicherte die Frau, daß jetzt endgültig Schluß sei und daß sie sich scheiden lassen wolle, sie habe jetzt genug und könne so nicht mehr weitermachen.

Am nächsten Morgen, als alle ausgeschlafen hatten und beim Frühstück saßen, hatten wir ein langes Gespräch. Ich war der Ansicht, daß mit einer Scheidung nichts, gar nichts gewonnen sei. Ich versuchte, sie zu überreden, es doch noch einmal zu probieren, mit ihrem Mann. Das Mädel gab kaum Antwort auf meine Meinung, daß sie doch eigentlich schuld an diesem ganzen Familiendrama sei. Ob sie es nicht doch mit einer Entziehungskur probieren wolle? Doch da stieß ich auf Granit.

»Niemals! Lieber gehe ich in den Knast!«

Als wir uns verabschiedeten, sagte ich der Frau, wenn es wieder einmal eine solche Szene gebe, brauche sie gar nicht erst anzurufen. Sie solle ganz einfach mit Kind und Kegel (dem Hund!) zu uns kommen, auch wenn es mitten in der Nacht wäre. Die Haustür sei ja, wie sie wisse, bei uns immer offen, und sie könne heraufkommen, an die Schlafzimmertüre klopfen, damit nicht das ganze Haus aufwache. Sie kamen noch zwei- oder dreimal. Beim letzten Mal war ein junger Mann dabei, ein Freund der Tochter, der einen recht ordentlichen Eindruck machte. Obwohl ich ihn im Grunde meines Herzens bedauerte, weil ich glaubte, er werde eher in der Szene landen, als das Mädel herumkriegen, wollte ich ihm doch nichts derartiges sagen.

Was ich nie für möglich gehalten hätte, geschah: Durch die Standhaftigkeit und Liebe des Jungen wurde das Mädel kuriert. Sie fing eine Lehre an und beendete noch während der

Lehrzeit auf der Abendhochschule ihre nicht abgeschlossene Schulbildung. Die beiden heirateten und hatten die Absicht, in die Entwicklungshilfe zu gehen, oder falls sie nicht angenommen würden, sich für Drogenabhängige einzusetzen.
Postscriptum nach einigen Jahren:
Leider kein »happy end«. Die junge Frau wurde rückfällig, der Mann fand eine andere und verließ sie – die andere Version lautete, sie sei rückfällig geworden, *weil* er sie verlassen habe – wer weiß da, was Ursache und Wirkung ist? Sie wurde auf der Straße beim Dealen erwischt, kam ins Gefängnis, von wo sie gegen Kaution bis zur Gerichtsverhandlung freigelassen wurde. Am Tage vor der Verhandlung zog man sie tot aus einem Baggersee. Offizielle Todesursache: Selbstmord durch Ertrinken.

José

Bei ihm müßte es eigentlich heißen: »Ein Mensch, der *uns* nicht vergessen hat«:
José war eines von 8 Kindern eines armen Kaffeebauern in Costa Rica. Alle 8 Kinder mußten von frühester Kindheit an schwer mitschuften in der kleinen Kaffeeplantage ihres Vaters, die kaum soviel abwarf, um die Familie einigermaßen satt zu kriegen, geschweige denn, die Kinder auf eine höhere Schule zu schicken. José dachte bei der schweren Arbeit immer: Das kann nicht meine Zukunft sein. Ich muß hier raus, es gehe wie es will. Aber als der Zweitälteste der großen Kinderschar fühlte er auch eine Verantwortung seinen kleineren Geschwistern gegenüber, denn wenn er ginge, das wußte er, bedeutete das für sie eine noch härtere Arbeit.
Da starb plötzlich seine Mutter bei der Geburt des neunten Kindes. Der Vater war am Verzweifeln, er wußte sich keinen Rat, wie er die vielen Kinder, vor allem den neugeborenen Säugling, versorgen sollte. Er suchte und fand auch eine Frau, die willens war, ihn zu heiraten. Es war eine ältliche

Jungfer, die zu hoffen schien, ihr versäumtes Mutterglück hier noch zu finden. Nur leider widmete sie sich ganz und gar dem Säugling, die anderen Kinder interessierten sie nicht im mindesten, im Gegenteil, sie waren für sie so etwas wie Dienstpersonal, das sie den ganzen Tag herumkommandierte und schikanierte und für die Hausarbeit heranzog, so daß sie nicht auf der Kaffeefarm arbeiten konnten, was wiederum für den Vater eine finanzielle Einbuße war, so daß die Armut immer größer wurde und er seine Kinder nicht einmal mehr ausreichend ernähren konnte. Als die Lage unerträglich wurde, beschloß José, erst elf Jahre alt, abzuhauen und sich auf eigene Füße zu stellen. Er hoffte, seine Geschwister besser unterstützen zu können, wenn er sich in der Hauptstadt einen Job suchte, als wenn er zu Hause aushielt. Bei Nacht und Nebel lief er davon, zu Fuß bis an den »Highway«, von dort fuhr er per Anhalter in die Hauptstadt San José, wo er zuächst ein sogenanntes Straßenkind wurde, das aus Mülltonnen oder durch betteln und kleine Gelegenheitsjobs seinen Hunger stillte. Eines Tages kam ein Mann vorbei, der sich für den Jungen interessierte und ihn nach seinen Lebensumständen fragte. Als José ihm seine Geschichte wahrheitsgetreu erzählte, nahm er ihn bei der Hand und brachte ihn in ein Waisenhaus, wo er zunächst einmal ins Bad genommen und tüchtig abgeschrubbt wurde. Die Nonne steckte ihn dann in die Anstaltskleidung und fragte ihn, ob denn seine Eltern überhaupt wüßten, wo er sei. Er gab zu, ausgerissen zu sein und seither keinerlei Kontakt mehr zu seiner Familie zu haben.

»Da wollen wir zuallererst einmal an deinen Vater schreiben«, sagte sie, »denn der wird sich doch sicherlich große Sorgen um dich machen, meinst du nicht?«

»Das glaube ich kaum, der ist bloß froh, einen Esser weniger am Tisch zu haben«, meinte José.

»Hier kannst du auf Dauer nicht bleiben, denn du bist ja kein Waisenkind, und dies ist ein Waisenhaus. Ich schreibe an deinen Vater, und bis wir seine Antwort haben, kannst du bei uns bleiben. Du mußt hier aber zur Schule gehen, mit dem Herumtreiben auf der Straße ist es aus, hörst du?«

Als José das Wort Schule hörte, war es ihm wie Engelsmusik, denn gerade das war es ja, was er sich am allersehnlichsten wünschte. Er wurde gefragt, ob er lesen und schreiben könne, auch die vier Grundrechenarten beherrsche, und als er dies bejahte, tat man ihn probeweise in die »Primaria« (Elementarschule), allerdings zwei Klassen tiefer, als seinen 11 Jahren entsprach. Der unterrichtenden Nonne fiel nicht nur sein großer Lerneifer, sondern auch seine große Intelligenz auf, denn er hing förmlich an den Lippen der Lehrerin, als hinge seine Seligkeit davon ab.

Er kam sofort zwei Klassen höher, und nach kurzer Zeit in die »Secundaria« (höhere Schule). Zum Glück für ihn kam die Antwort seines Vaters erst nach Monaten, denn erstens ging die Post in sein heimatliches Pueblo nur alle Jubeljahre, zweitens war sein Vater ein Analphabet und konnte zunächst mit dem Brief überhaupt nichts anfangen, bis ein Nachbar ihm riet, ihn zum Alkalden, dem Dorfschulzen zu bringen, der könne ja lesen und ihm sagen, was darin stehe. Das tat er denn auch, und als er nun wußte, wo sein José steckte, ließ er den Alkalden schreiben, wenn José selber heimwolle, dann könne er natürlich kommen, dann müsse er aber wieder schwer auf der Farm arbeiten, er sei zu arm, um Faulenzer (wie er einen Schüler nannte) durchzufüttern. Von ihm aus könne José ruhig bleiben, wo er sei. Er sei ja jetzt alt genug, um sich selber seinen Unterhalt zu beschaffen.

Mittlerweile hatte sich José durch seinen Lerneifer und seine Intelligenz in das Herz der Lehrerin-Nonne eingeschmeichelt, daß diese alles daran setzte, um ihm das Bleiben zu ermöglichen.

In Lateinamerika ist es üblich, daß reiche Familien einen »Criado« bei sich aufnehmen, das heißt ein Kind von Eltern, die so arm sind, daß sie ihre vielen Kinder nicht ernähren können. Es handelt sich dabei nicht um eine Adoption, son-

dern das Kind bekommt eine Unterkunft in irgendeinem Verschlag im Garten und wird mit dem Dienstpersonal verköstigt. Dafür muß es kleine Dienste versehen, Schuhe putzen oder Botengänge besorgen. Uns erschien das immer hart und entwürdigend, aber die Criados hängen meist mit großer Liebe und Anhänglichkeit an ihren »Padrones«, und viele von diesen Criados haben es bis zu den höchsten Regierungsstellen gebracht.
Die Nonnen suchten und fanden nun eine Familie, die José als Criado aufzunehmen gewillt war, und von da an war seine Zukunft gesichert, zum mindesten, bis er sein Bacillerato (Abitur) hätte. In der Schule brachte er so gute Leistungen, daß er bald zuerst eine, dann zwei Klassen übersprang und schon mit 17 Jahren sein Bacillerato hatte. Zudem setzte er alles daran, seinen nächstälteren Bruder zu sich in die Hauptstadt zu holen, der genau so lernbegierig war wie er. Er fand durch Vermittlung seiner Padrones eine andere Familie, die ihn als Criado aufnahm, und einen Platz in der Klosterschule bekam er auch für ihn.
Als José nun die Schule beendet hatte, wollte er natürlich auf die Universität, wenn möglich in die USA. So bewarb er sich um ein Stipendium, aber da diese für das laufende Jahr schon alle vergeben waren und es auch nicht sicher war, ob er im nächsten eines bekommen würde, griff er zur nächstbesten Möglichkeit: Nach Rumänien! Die Ostblockländer vergaben ja, schon aus propagandistischen Gründen, Stipendien an arme Länder der Dritten Welt. José dachte sich: Zwar wäre ich viel lieber in das »Gelobte Land«, die USA gegangen, aber besser in ein kommunistisches Land, als gar nichts. Schlechter, ärmer als hier kann es dort auch nicht sein. Zudem war ja die rumänische Sprache für einen Lateinamerikaner leicht zu erlernen.
Als er einen Studienplatz in der rumänischen Stadt Cluj (Klausenburg) hatte, und als alle Formalitäten erledigt waren und er sein Flugticket in der Tasche hatte, ging es ab ins große Abenteuer.

Es war Winter in Europa, und José kam aus dem Land des ewigen Frühlings in das eisige Rumänien.
Ihm wurde ein Platz im Studentenwohnheim zugewiesen, aber ach! Welche Enttäuschung wartete da auf ihn! Das ganze Gebäude war sowohl außen wie innen total verdreckt und verwahrlost, die Heizung funktionierte nicht, so daß die Studenten vor Kälte schnatterten wie eine Herde Gänse. Plötzlich, mitten in der Nacht, wurde es heiß wie in einem Backofen. Die anderen Studenten sprangen aus den Betten und rannten in die Duschräume, denn die Gelegenheit, wieder einmal zu duschen, durfte man sich ja nicht entgehen lassen, wer weiß, wann es wieder einmal warmes Wasser gab! Die Verpflegung war hundsmiserabel, ein kaum genießbarer Eintopf aus nicht definierbaren Zutaten, vor dem es José, der gewiß nicht verwöhnt war, ekelte, so daß er kaum ein paar Bissen hinunterbrachte.
Die Studenten waren in kleinen Zimmern zu je vieren untergebracht, zwei zweistöckige Betten und ein kleiner Tisch zum Lernen dazwischen. Ein kleiner Soldatenspind für die Kleider der vier vervollständigte das Mobiliar, aber dann konnte man sich auch kaum noch rühren. Da es unmöglich war, in einem so kleinen Zimmer noch zu vieren zu lernen, sprachen sich die Stubenkameraden ab, wann jeder den Tisch zum Lernen benutzen durfte, die anderen drei hielten sich in der Bücherei oder sonstwo auf, bis die Reihe an ihnen war.
Hier lernte José unseren Sohn Mathis kennen, er war einer der vier Stubenkameraden. Für ihn, der in einem großen Doktorhaus aufgewachsen war und der in seinem Leben noch nie Mangel an irgend etwas gehabt hatte, war der Schock, die Enttäuschung natürlich noch viel größer gewesen als für José. Aber er war schon ein Semester früher dagewesen und hatte sich schon etwas an diese Zustände gewöhnt. So konnte er José Mut machen. Die beiden freundeten sich bald an, denn die spanische Sprache verband sie schnell. Rein äußerlich konnte man sich kaum einen größe-

ren Gegensatz vorstellen: Mathis 196 cm groß und 100 Kilo schwer, José 165 und 60 Kilo. Aber sie waren bald ein Herz und eine Seele. Mathis hatte im letzten Semesterurlaub allerhand Tauschartikel von daheim mitgenommen, z. B. Kugelschreiber, die bei uns lächerlich billig waren, dort aber reißenden Absatz fanden. Er hatte sich durch Ferienarbeit als »Aushilfs-Hilfskrankenpfleger« wie wir im Spott immer sagten, genug Geld zusammengespart für ein gebrauchtes Auto, einen alten Dieselmercedes, und so fuhren die beiden in ihrer Freizeit auf die umliegenden Dörfer hinaus und betrieben einen schwunghaften Tauschhandel gegen Speck, Eier, Mehl, Brot, so daß sie sich im Wohnheim in der Etagenküche nachts etwas brutzeln konnten. So kamen sie einigermaßen gut über die Runden. »Wieso hat eigentlich Ihr Mathis in Rumänien studiert, wo Sie doch in Deutschland die besten Universitäten haben?« – So wurde ich oft gefragt. Es war eine Frage des Studienplatzes. Der Andrang zum Medizinstudium war so groß, daß man nur mit einer erstklassigen Abiturnote einen Studienplatz bekommen konnte. Unsere Söhne waren aber in Südamerika geboren, hatten in Arabien einige Jahre gelebt, und so hatten sie wie alle Missionarskinder bei der Rückkehr große Schwierigkeiten mit dem Umschulen. Keiner von ihnen hat einen Studienplatz bekommen, alle haben im Ausland angefangen, in Belgien, England, USA und Rumänien, und sind erst, als sie die erste medizinische Prüfung, das Vor-Physikum, gut bestanden hatten, in Deutschland hineingekommen. Mathis hatte Rumänien der relativ leicht zu erlernenden Sprache wegen gewählt, dabei aber natürlich keine Ahnung von den Zuständen und der Versorgungslage gehabt. Sein Wunsch, Arzt zu werden, war aber so groß, daß er willig alle Unbilden auf sich nahm.

Als die Weihnachtszeit kam, fragte Mathis bei uns an, ob er einen Studienkameraden mitbringen dürfe, einen Costaricaner, der viel zu arm sei, um heimfliegen zu können. Selbstverständlich war unsere Antwort JA. Mitte Dezember, kurz vor Weihnachten, fuhren sie zu dritt in dem alten Mercedes los: Mathis, José und eine Studienkameradin aus München. Sie verabredeten, wenn möglich ohne große Pausen durchzufahren, indes sie sich beim Fahren abwechselten. Als erster fuhr Mathis, und als er in Ungarn in der Nähe der Stadt Szolnok müde wurde, sagte er zu seiner Kommilitonin: »Jetzt fahr du mal eine Weile, ich werde ein bißchen schlafen.« Sie wechselten die Plätze, und nach ein paar Kilometern machte die Landstraße einen Bogen, ging aber als kleine Nebenstraße geradeaus in das Städtchen hinein. Das merkte die Fahrerin zu spät, aber anstatt zurückzustoßen, wollte sie noch einschwenken und prallte dabei an einen Laternenpfahl, wobei unserem Mathis der Schädel eingedrückt wurde. Er war klinisch tot, lebte aber noch 40 Stunden am Beatmungsgerät. José, der auf dem Rücksitz gesessen hatte, erlitt ein schweres Schädel-Hirntrauma und erwachte erst fünf Tage später im Krankenhaus des Städtchens. Er hatte eine Amnesie und konnte sich an nichts erinnern. Einzig die Fahrerin blieb unverletzt. Ich war mit unserem Laboranten sofort auf die Nachricht hin nach Ungarn gefahren, und als unser Mathis gestorben war, erkundigte ich mich nach José. Er sei nicht transportfähig, hieß es. Wir würden verständigt, wenn wir ihn abholen könnten.

Als wir nach ein paar Tagen telefonisch anfragten, wie es stehe mit ihm, gab man uns nur eine ganz unklare, verworrene Auskunft. »Ich glaube, ich fliege lieber einmal hin und sehe selber nach«, sagte meine Frau. Als sie zu José ins Zimmer kam, sah sie sofort, was los war: Die eine Gesichtshälfte hing schief herunter, ein Auge konnte er nicht öffnen, aus dem Mund triefte der Speichel, seine Sprache klang ganz verwaschen. Die ungarischen Ärzte sagten, er habe eine Wirbelfraktur und könne nicht transportiert werden.

Nachdem sie gegangen waren, versuchte sie José zu bewegen, seine Beine zu heben, eines nach dem anderen. Es ging. Arme ebenso. »Wieso Wirbelfraktur und Querschnittslähmung?« dachte sie. José war ansprechbar und

sagte, daß bis jetzt keiner etwas mit ihm gemacht habe, er sei nur auf dem Bett gelegen. Erika beschloß, ihn auf eigene Verantwortung mitzunehmen. Sie mußte unterschreiben, und dann telefonierte sie nach Budapest, wann die nächste Maschine nach Deutschland flöge und bestellte gleich ein Ticket für einen Schwerverletzten, der liegend transportiert werden müsse. Der Krankenwagen wurde bestellt und die beiden fuhren zum Flughafen. Bei uns im Ort hatten die Rotkreuzler sich erboten, die beiden in Frankfurt am Flughafen abzuholen, ganz unentgeltlich. Hier angekommen, ging es gleich in eine neurochirurgische Klinik, wo man die Diagnose »Schweres Schädel-Hirntrauma« stellte.
Nun war José nirgends versichert, und ohne Klärung, wer bezahlt, wollte man ihn nicht aufnehmen. Also bezahlte Erika gleich einen namhaften Betrag ein, wir nahmen ja an, daß die Unfallversicherung von Mathis alles bezahlen würde. José wurde nun von einer Klinik zur anderen geschickt, Neuro, Hals-Nasen-Ohren, Augen, und überall operiert. Die Krankenhauskosten beliefen sich inzwischen auf Tausende. Die Versicherung wollte sich natürlich drükken, indem sie sagte, unser Sohn sei ja tot, und ein anderer Wagen sei ja bei dem Unfall nicht beteiligt gewesen. Wir hatten aber vorsorglich eine Mitfahrerversicherung abgeschlossen, so daß wir unter Zuhilfenahme eines Rechtsanwaltes nach Monaten doch noch das verauslagte Geld zurückerstattet bekamen. Für José waren inzwischen Monate verstrichen, es hätte keinen Sinn gehabt, wenn er zurück nach Rumänien gefahren wäre. So nahmen wir ihn nach seiner Krankenhausentlassung zu uns, meldeten ihn zu einem Sprachkurs in Deutsch an und zu einem Computerkurs, kauften ihm einen Heimcomputer, an dem er üben konnte. Außerdem ließen wir ihn physiotherapeutisch behandeln, so daß sich seine Gesichtsmuskellähmung zusehends besserte. Er konnte sogar sein eines Auge wieder etwas öffnen, und seine Sprache wurde deutlicher und deutlicher.

Von einem Wirbelbruch oder einer Querschnittslähmung hat hier übrigens kein Arzt etwas gefunden.
José sagte immer wieder: »Ach, es wäre so viel besser gewesen, wenn *ich* gestorben wäre und nicht Mathis. Er war bei seiner Familie so gut aufgehoben und hätte eine so gesicherte Zukunft gehabt, während ich, selbst wenn ich mein Studium beenden könnte, überhaupt nicht weiß, was aus mir werden soll.«
»So etwas darfst du überhaupt nicht sagen«, meinte Erika zu ihm, »Gott macht keine Fehler, er hat schon gewußt, warum er Mathis zu sich geholt hat und nicht dich.«
»Ihr seid alle so gut zu mir, ich weiß überhaupt nicht, wie ich das jemals gut machen kann«, meinte er wieder und wieder.
Aber wir erklärten ihm, daß die Sorge um ihn, José, uns aus unserer Trauer herausgeholfen habe, so daß eigentlich wir ihm danken müßten.
Nach über einem Jahr war er wieder so weit hergestellt, daß er sein Studium in Rumänien fortsetzen konnte. Inzwischen sprach er fließend Deutsch, dazu Englisch, Spanisch als seine Muttersprache und Rumänisch. Nach Abschluß seines Studiums als Nahrungsmittelchemiker ging er in seine Heimat Costa Rica zurück, bekam sofort eine staatliche Anstellung und machte drüben noch ein Studium als Betriebswirt. Er heiratete und seine Frau bekam drei Töchter. Zu jedem unserer Geburtstage und zu Weihnachten ruft er an und schreibt, und kürzlich hat er uns geschrieben, daß er uns in diesem Jahr besuchen will, da wir ja doch nie zu ihm kämen.
Als ich diesen Brief gelesen hatte, beschloß ich, diesen Bericht über ihn zu schreiben.

Günter

»Guten Tag! Mein Name ist Günter Hoffmann, Günter ohne H und Hoffmann mit zwei F. Ich möchte Sie gerne näher kennenlernen. Hätten Sie Lust, mich heute Abend in Markkleeberg bei meiner Goma zum Nachtessen zu besuchen?«

So fing unsere Bekanntschaft an, aus der später eine Freundschaft fürs Leben werden sollte, die aber leider durch seinen frühen Tod jäh zu Ende ging. Aber in den paar Jahren, die sie dauerte, hat er mich geprägt, ja, ich möchte sagen, er hat das aus mir gemacht, was ich später geworden bin.

Ich war damals Medizinstudent im ersten Semester an der Universität in Leipzig, und ich hatte ihn im Sezierkurs der Anatomie als Vorpräparant. Er war ein Jahr weiter im Studium als ich, und der Anatomieprofessor suchte sich immer die begabtesten Studenten aus, um sie für die kommenden Semester als Hilfslehrkräfte einzusetzen. Womit ich es verdient hatte, ihn auf mich aufmerksam werden zu lassen, konnte ich mir nicht erklären, denn an einem so unscheinbaren Würstchen wie mir war doch wirklich nichts Bemerkenswertes.

Abends nach dem Anatomiekursus fuhr ich zuerst zu mir nach Hause, um zu baden, denn meine Schwester, bei der ich wohnte, schrie immer gleich, wenn ich heimkam: »Ins Bad! Ins Bad! Du stinkst nach Leichen!« Natürlich war es nur der Geruch der Karbollösung, in der die Leichen konserviert wurden, und beileibe kein Leichengeruch, aber meine Schwester verband diesen »Duft« nun einmal mit der gräßlichen Vorstellung der Leichen, die wir Studenten sezieren mußten, um an ihnen den Bau des menschlichen Körpers zu lernen.

Nach dem Bad besprühte mich meine Schwester immer noch reichlich mit Kölnisch Wasser, ich zog mir frische Wäsche und Kleider an und hängte die anderen auf den Speicher, wo sie bei offenem Fenster über Nacht Gelegenheit hatten, aus-

zulüften. So tat ich selbstverständlich auch an diesem Abend, wo ich bei der Großmutter von Günter (ohne H) eingeladen war.
Wie immer fuhr ich mit dem Fahrrad, um die zwanzig Pfennige für die Straßenbahn zu sparen, denn wir Werkstudenten mußten jeden Pfennig zweimal umdrehen, bevor wir ihn ausgaben.
Günters Großmuter, liebevoll Goma genannt, war eine distinguierte, aber sehr liebe alte Dame, die Witwe eines Reichsgerichtsrates, die von ihrer Tochter, Günters Tante Grete, liebevoll gepflegt und versorgt wurde.
Unsere Unterhaltung drehte sich zunächst um mein Woher, denn an meiner Aussprache konnte man unschwer den Süddeutschen heraushören, und Süddeutsche müssen nach der Vorstellung von Sachsen unbedingt Schwaben sein, für die sie eine unerklärliche Schwäche empfinden. Ich brauchte in Leipzig nur den Mund aufzumachen, und schon flogen mir alle Herzen zu. Ich wußte nun *einen* Grund, warum Günter auf mich aufmerksam geworden war. Den anderen begriff ich erst, als mich die Tante Grete und die Goma fragten, was für aparte Kleidungsstücke ich denn da anhabe, wo es so etwas zu kaufen gebe. Ich erzählte ihnen, daß ich den Stoff selber gewebt habe und so kam unsere Unterhaltung bald darauf, daß ich eine kleine Handweberei betreibe, um mir etwas Geld zum Studium zu verdienen. Sie wollten wissen, wo ich das gelernt habe, und so gab ein Wort das andere. Ob meine Eltern so arm seien, daß sie mein Studium nicht finanzieren konnten? Nein, aber mein Vater habe sich in den Kopf gesetzt, ich müsse Forstwirtschaft studieren, weil dieser Beruf meiner schwächlichen Gesundheit zuträglicher sei, als die Medizin mit ihren vielen Ansteckungsmöglichkeiten. Und er glaube daher, wenn er mir kein Geld zum Studium gebe, könne er mich zum Umsatteln zwingen. Ein Stipendium kam also für mich nicht in Frage, da mein Vater nicht »bedürftig« war, andererseits kam ein Stipendium für Begabte auch nicht in Frage, da mein Abitur keineswegs glänzend ausgefallen

war. Kurzum, ich begriff bei dieser Unterhaltung, weshalb Günter mich unbedingt hatte näher kennenlernen wollen. Schon bald waren wir so dicke Freunde und steckten dauernd zusammen, daß die anderen Studenten hinter unserem Rücken munkelten, wir seien zwei Homosexuelle, zumal wir keine Freundinnen hatten. Abgesehen davon, daß Homosexualität in der Hitlerzeit strafbar war, waren Günter und ich es wirklich nicht. Im Gegenteil, wir wollten einmal große Familien mit vielen Kindern haben. Wenn wir aufs Heiraten zu sprechen kamen, dann meinte Günter: »Komisch, alles betreiben die Menschen nach Plan, nur das Heiraten nicht, das überlassen sie dem Zufall. Dabei ist doch gerade hier eine genaue Planung notwendig.«
»Das verstehe ich nicht«, meinte ich darauf. »Man muß doch eine Frau heiraten, die man liebt, was gibt es denn da zu planen?«
»Unsinn«, meinte Günter, »wenn alles stimmt, die Herkunft, die Religion, der Geschmack, die Ideale des Lebens, dann stellt sich die Liebe schon von selber ein, vorausgesetzt, die Person ist nicht gerade abgrundhäßlich. Was meinst du denn, warum so viele Ehen geschieden werden? (Und dabei waren es damals bei weitem nicht so viele wie heute.) Nur, weil die Leute das Heiraten dem Zufall überlassen!« Da Günter und ich uns vorgenommen hatten, später einmal als Ärzte in eine ganz arme Gegend zu gehen, wo niemand hinwollte – wir hatten an Ostpreußen gedacht, da ja an eine Auslandstätigkeit damals im »Dritten Reich« nicht zu denken war (wir durften ja nicht einmal hinüber in das benachbarte Elsaß fahren) – und dort etwas Gemeinsames zu unternehmen, so beschlossen wir, uns zum Heiraten nach zwei Mädchen umzuschauen, die entweder Schwestern wären oder genau so gute Freundinnen wie wir Freunde waren. Und Günter meinte, wer zuerst eine fände, der sei verpflichtet, darauf zu achten, daß dieser Plan auch ausführbar sei.
Der Weltkrieg brach aus. Aber während ich gleich am ersten Tag eingezogen wurde, kriegte Günter keinen Stellungsbe-

fehl und konnte, wie geplant, ins letzte Staatsexamen steigen. Ich war schier verzweifelt, daß ich so kurz vor dem Schlußexamen eingezogen worden war und als »Schütze Arsch«, wie man es damals nannte, mit der Infanterie nach Polen marschieren mußte, während mein so mühsam angepauktes Wissen wieder in die Vergessenheit versinken würde. Günter dagegen schrieb mir verzweifelte Briefe, weil er *nicht* eingezogen wurde. »Du wirst sehen, der Krieg geht zu Ende und ich war nicht dabei! Später werde ich mir vorwerfen lassen müssen, ich sei ein Drückeberger gewesen! Was soll ich denn nur machen? Ich renne schon dauernd aufs Wehrersatzamt und frage nach, was los sei, warum ich denn nicht eingezogen werde? Aber die meinen nur ganz stur, ich soll's halt abwarten, es gebe schon noch genug Gelegenheit, mich totschießen zu lassen. Was sagst du dazu?« Ich schrieb ihm, ich habe gehört, daß die Fallschirmjäger Freiwillige suchten, er solle doch einmal probieren, ob er da nicht angenommen werde. Das tat er, er wurde angenommen und kurz darauf eingezogen und zur Spezialausbildung in ein Lager geschickt, nach seiner Ausbildung ins Afrikakorps zur Rommelarmee abkommandiert, wo er kurz darauf den »Heldentod fürs Vaterland« starb. Viele Jahre lang, ja noch heute, fühlte ich mich schuldig an seinem Tod, weil ich ihm den Rat gegeben hatte, sich zu den Fallschirmjägern einziehen zu lassen.
Günter hatte, ganz nach Plan, geheiratet. Wie verabredet, hatte er ein Mädchen gefunden, das noch Schwestern hatte. »Welche kommt für mich in Frage?« schrieb ich. Seine Antwort war: »Die erste ist schon verheiratet, die Zweite ist meine Braut, die Dritte, drei Jahre jünger als du, könnte für dich passen, ich schreibe dir hier ihre Adresse, dann kannst du ihr Briefe schreiben, bis ihr Gelegenheit habt, euch persönlich kennenzulernen.«
Es entspann sich also ein reger Briefwechsel zwischen der »Dritten« und mir, bis ich anläßlich eines Heimaturlaubs Gelegenheit hatte, sie in ihrem Elternhaus zu besuchen und

kennenzulernen. Günters Frau hatte gerade ihr erstes Baby, ein Mädchen, bekommen und so konnte ich dieses freudige Ereignis gleich mit genießen, auch die Eltern und Geschwister kennenlernen. In dem Elternhaus fühlte ich mich gleich unheimlich wohl; es wurde viel gesungen und musiziert, ganz wie bei mir zu Hause, und da die Geschwister auch alle in der Jugendbewegung waren, wie ich, kannten wir die gleichen Lieder; so stellte sich sofort eine Harmonie her, wie ich mir sie wünschte. Nur mit der »Dritten« gabs nichts. Sie rauchte, und als ich ihr sagte, daß ich ein passionierter Nichtraucher sei, und daß sie das, falls es mit uns zweien etwas werden sollte, unbedingt aufgeben müsse, kam die barsche Antwort: »Aufgeben könnte ich das schon, aber wenn mir von vornherein Bedingungen gestellt werden, dann vergiß es!« So blieb also nur noch die vierte, die Einzige der Familie, die ich noch nicht kannte. Auch sie war kriegsdienstverpflichtet als Fürsorgerin in Gotenhafen, später Gdynia. Ich ließ mir ihre Adresse geben, und es entspann sich ein zweijähriger reger Briefwechsel, bei dem ich zu der Überzeugung kam, daß Günter mit seiner Methode recht hatte. Nur meinte meine Zukünftige, es käme ihr doch komisch vor, daß ich mir in den Kopf gesetzt hätte, ich müsse unbedingt ein Mädchen aus diesem Hause heiraten, und weil sie nun zufällig die Letzte sei, die übrig sei, so solle sie daran glauben. Ich schrieb ihr, welche Grundsätze ihr Schwager Günter, mein Freund, hinsichtlich des Heiratens habe, und als wir uns kurz vor Kriegsende anläßlich eines Heimaturlaubs in ihrem Elternhaus kennenlernten, da funkte es sofort. Ich hielt um ihre Hand an, ganz »comme-il-faut«, wurde akzeptiert und wir feierten Verlobung. Günter war inzwischen schon gefallen, ich kam nach Kriegsende in Gefangenschaft und wir, meine Erika und ich, wußten über zwei Jahre nichts voneinander, ob wir lebten oder tot waren. Aber keinem von uns beiden wäre es auch nur im Schlaf eingefallen, mit jemand anderem anzubandeln, bevor wir sicher waren, daß der andere nicht mehr am Leben war.

Wenn's jetzt Zeit ist ...

Sie war eine Frau von 84 oder 86 Jahren, genau weiß ich es nicht mehr, und sie lebte, schon jahrzehntelang Witwe, in einem kleinen Haus in der Mitte des Dorfes, gegenüber einer Bäckerei, aus der es tagaus, tagein so gut nach frischem Brot roch. Die Tochter, ebenfalls schon verwitwet und im Rentenalter, versorgte ihre Mutter aufs rührendste. Außer den üblichen Alterswehwehchen fehlte der nichts, so daß ich nur selten in dieses Haus gerufen wurde. Von ihrem Fenster aus konnte sie immer beobachten, was im Dorf los war, wer im Bäckerladen aus und ein ging, und das war für sie so gut wie ein Fernseher. Kein Wunder, daß sie rundherum zufrieden war, denn sie konnte mit ihrer kleinen Witwenrente alle ihre bescheidenen Bedürfnisse bestreiten.

Immer, wenn ich in dieses Haus kam, dachte ich: »So müßte es eigentlich überall sein.«

Eines Tages wurde ein Arztbesuch angefordert, und als ich kam, sah ich, daß die alte Frau quittengelb war. Gallensteine? Nein, denn sie hatte keine Koliken. Hepatitis? Auch nicht gut möglich, da sie weder selber im Ausland gewesen war, noch irgendeiner ihrer Besucher. Lebercirrhose? Noch viel weniger, denn außer bei den seltenen Anlässen ein Gläschen Wein trank sie überhaupt keinen Alkohol.

»Vor die Therapie haben die Götter die Diagnose gestellt«, das wurde uns schon als Studenten eingeprägt. Ich kratzte mich am Hinterkopf und sagte zu der Patientin: »Am besten ich weise Sie ins Krankenhaus ein, damit man weiß, woher Ihre Gelbsucht kommt.«

»Wie?« rief die Patientin, »der Krankenkasse solch einen Haufen Unkosten verursachen wegen einer alten Frau wie mir? Nein, nein, Herr Doktor, *wenn's jetzt Zeit ist zum Sterben, dann wird gestorben!* Wenn *Sie* etwas mit mir machen wollen, bitte sehr, aber ins Krankenhaus? Nein!«

Nach den notwendigen Laboruntersuchungen behandelte ich sie, und sie wurde tatsächlich noch einmal gesund und

hat noch ein paar Jährchen zugelegt, bis sie schließlich eines nachts sanft eingeschlummert ist.
Mir aber ist bis heute ihr Ausspruch unvergessen geblieben: »Wenn's jetzt Zeit ist zum Sterben, dann wird gestorben«, und ich habe mir vorgenommen, auch so zu sagen, wenn es bei mir so weit ist.
Es wird heutzutage so viel diskutiert über Euthanasie, aktive oder passive Sterbehilfe. Dabei wären diese ganzen Diskussionen überflüssig, wenn wir Alten wie jene Frau sagen würden: »Wenn's jetzt Zeit ist zum Sterben, dann wird gestorben.« Wenn wir den Tod im Alter nicht als eine Katastrophe betrachten würden, die um jeden Preis hinausgeschoben werden muß, sondern als einen ganz natürlichen Vorgang am Ende eines langen Lebens, als ein Tor, durch das wir in eine andere, bessere Welt eingehen.
Wenn wir sehen, wie die Menschen immer älter werden, wie immer weniger Junge nachwachsen, welche die Renten bezahlen müssen, dann fragt man sich unwillkürlich: »Wann wird der Zeitpunkt kommen, wo wir es uns einfach nicht mehr leisten *können*, Menschen im neunten Lebensjahrzehnt Herzschrittmacher einzupflanzen, Bypässe in die Herzkranzarterien zu legen, sie an die Dialyse, die künstliche Niere, zu hängen und andere Bravourleistungen der modernen Medizin zu vollbringen?«
Ich sprach diesen Gedanken einmal bei einem Krankenhauschefarzt aus.
»Wenn Sie die Leute sterben lassen wollen, dann schicken Sie sie nicht ins Krankenhaus«, sagte er. »Was meinen Sie, was meine Assistenten sagen würden, wenn ich in so einem Fall sagen würde: ›da machen wir nichts mehr, das lohnt sich nicht‹? Da wäre ich bald angezeigt wegen unterlassener Hilfeleistung, ich käme vors Gericht und wäre meinen Chefarztposten los.«
Wer kann also in dieser Sache etwas tun? Die Angehörigen? Nein, denn wenn sie ihre alte Mutter, ihren alten Vater lieben, dann wollen sie alles tun, um sie noch behalten zu dür-

fen. Wenn aber das Verhältnis von Alt und Jung kein gutes ist, dann wollen sich die Jungen erst recht nicht nachsagen lassen, sie hätten ihre Alten »einfach sterben lassen«, um sie los zu sein.
Es ist der alte Mensch selber, nur *er allein* kann die Entscheidung treffen: »Wenn's jetzt Zeit ist zum Sterben, dann wird gestorben.«

Die Fallschirm-Ur-Oma

Sie war hoch in den Siebzigern und lebte mit ihrem Mann in ihrem selbstgebauten Haus. Drei Kinder waren verheiratet, mehrere Enkel gab es und eine Urenkelin wurde von ihr aufgezogen, da beide, die Mutter sowie die Großmutter berufstätig waren. Körperlich waren die beiden alten Leute nicht mehr gut dran, sie litten beide an schwersten Arthrosen der Hüft- und Kniegelenke und hatten beide schon mehrere Operationen – Totalendoprothesen nennt man das in der Medizinersprache – hinter sich. Sie hatte zudem einen extrem niedrigen Blutdruck, so daß sie des öfteren kollabierte und ich hinüber ins Nachbardorf fahren und ihr Spritzen geben mußte. Ihr Mann hatte nie einen Autoführerschein besessen, sondern nur einen Mopedschein, aber mit dem Moped machte er alle Besorgungen, fuhr auch zu uns ins Nachbardorf zur Arztsprechstunde und nahm, wenn nötig, seine Frau hintendrauf. Es war ein spaßiges Bild, die beiden alten Leute mit ihren Sturzhelmen vor der Praxis aufkreuzen zu sehen.
Eine ihrer Töchter war eine begeisterte Gleitschirmfliegerin und hatte sich einmal vorgenommen, ihren Jahresurlaub in Tirol in einem Gleitschirmfliegerlager zu verbringen. Da sie aber zwei kleine Kinder hatte, bat sie die Mutter, doch mitzukommen, um auf die Kinder aufzupassen, Babysitten nennt man das ja. Sie würde der Mutter auch den ganzen Aufenthalt bezahlen.

Gesagt, getan.
Als aber die Großmutter die Gleitschirmflieger da heruntersegeln sah, packte sie eine solche Lust, es auch einmal zu probieren, daß sie den Lehrer heimlich bat, sie doch einmal im Tandemsprung mitzunehmen. Natürlich ohne der Tochter etwas zu sagen, denn die hätte sich strikt gewehrt dagegen, das wußte sie. Es wurde also eine Zeit verabredet, in der die anderen Ruhepause hatten, und – los ging's. Bei einem meiner Hausbesuche erzählte sie mir ganz begeistert von ihrem Erlebnis. »Von einem 1000 Meter hohen Absprungplatz sind wir abgesprungen und dann eine volle Viertelmeile lang durch die Lüfte gesegelt, es war einfach ›himmlisch‹ im wahrsten Sinne des Wortes«, sagte sie. »Ich würde sofort auch so einen Kursus mitmachen, aber mein Mann ist dagegen. Ich hätte ja jetzt meinen Spaß gehabt, meint er, das sei genug, und ich solle meine Verrücktheit nicht übertreiben.«
»Haben Sie denn keine Angst gehabt, Sie könnten abstürzen?« fragte ich sie.
»Ach, ich habe mir gedacht: Was kommt es in deinem Alter noch darauf an, woran du stirbst? Bald ist es ja sowieso an der Zeit, daß du gehen mußt, was macht es da aus, ob du im Bett stirbst oder bei einem Absturz? Warum soll ich mir nicht noch ein bißchen Spaß gönnen vorher?«
»Recht hat sie«, denke ich bei mir, und ich beschließe, mir meinen Jugendtraum, Fallschirmspringen, doch noch zu erfüllen, obwohl ich 75 bin. »Was eine Uroma mit 78 Jahren und ein paar Gelenkoperationen kann, das kannst du allemal.«
Als alle meine Kinder selbständig im Berufsleben standen und mich nicht mehr brauchten, habe ich mir diesen Jugendtraum noch erfüllt: Nur mit dem Unterschied, daß ich aus dem Flugzeug aus 2500 m Höhe absprang, 1000 m im freien Fall und 1500 m im Gleitschirmflug herunterschwebte. Auch ich war so begeistert wie meine alte Patientin, aber ich habe es bei diesem einmaligen Erlebnis bewenden lassen.

P.S. Meine Fallschirm-Urgroßmutter hat nachher noch jedes Jahr ihre Fallschirmsprünge gemacht, den letzten gerade eben an ihrem 80. Geburtstag!

Mei' Katz'

Eines Tages klingelt während der Sprechstunde das Telefon: »Herr Doktor, kommen Sie so schnell Sie können zu meiner Mutter, sie hat fürchterliche Schmerzen in ihrem rechten Bein«, sagte eine aufgeregte Stimme, »kommen Sie gleich, ja?« Ich weiß, wer es ist und kann auch fast schon die Diagnose stellen, ohne die Patientin gesehen zu haben. Es handelte sich um eine alte Frau mit einer arteriellen Verschlußkrankheit – AVK genannt – d. h. die Arterien waren verengt, und als Folge davon hatte sie eine schlechte Durchblutung. Ich rase also mit einem Medizinstudenten, der gerade bei uns seine Famulatur (Praktikum) absolviert, ins Nachbardorf und finde bei der Untersuchung das rechte Bein leichenblaß, kalt, ohne Pulse und furchtbar schmerzhaft. »Rennen Sie sofort rüber ans nächste Telefon, die Post ist gerade gegenüber, rufen Sie den Krankentransport zu einem Eilfall, dann rufen Sie das Städtische Krankenhaus, die Chirurgie, an und sagen, daß jetzt eine Patientin käme mit einem Arterienverschluß im rechten Bein, sie sollen alles fertigmachen zur Operation, es sei *ganz dringend*«, sage ich zu meinem Studenten.

Der Patientin gebe ich eine Schmerzspritze, in Zeit von Nullkommanix ist auch schon das Martinshorn des Krankentransports zu hören und die Patientin wird abtransportiert. Im Krankenhaus, an dem ich früher selbst als Assistent gearbeitet hatte, wissen sie, daß sie sich auf meine Diagnosen verlassen können – gewöhnlich werden die Landärzte dort wie Halbdeppen angesehen – und man hat wie erbeten, schon alles fix und fertig zur Operation vorbereitet. Es hatte sich um einen Embolus, einen Blutpfropf in der Beinschlagader gehandelt, ganz weit oben, noch im kleinen Becken, der noch rechtzeitig entfernt werden konnte, bevor das Bein abgestorben wäre und hätte amputiert werden müssen, ja sogar exartikuliert, d. h. ohne Stumpf weggenommen, falls sie diese Operation überhaupt überstanden hätte. Später hat mir die Patientin erzählt, was der Chirurg zu ihr gesagt habe: »Wissen Sie auch, wem Sie Ihr Bein zu verdanken haben?«

»Ihnen, Herr Chefarzt.«

»Nein«, habe er gesagt, »nicht mir, sondern Ihrem Hausarzt. Ohne seine schnelle und richtige Diagnose hätte auch meine chirurgische Kunst nichts mehr geholfen, also bedanken Sie sich bei *ihm.*«

Ja, so geht es oft: Was nützt die größte ärztliche Kunst, wenn die Diagnose nicht schnell und richtig gestellt wird? Ich war ja selber, bevor ich Landarzt wurde, fast zwanzig Jahre lang als Chirurg am Krankenhaus tätig. Zu meiner Schande muß ich gestehen, daß ich in meinem Chirurgendünkel oft auf die Allgemeinärzte heruntergeschaut habe. So war es mir natürlich schwer gefallen, nun selber so einer werden zu müssen. Aber solche Fälle wie der eben geschilderte, geben einem dann das nötige Selbstvertrauen wieder, ohne das ein Arzt nun einmal nicht praktizieren kann.

Mit der Zeit wurde diese Patientin multimorbide, d. h. sie bekam immer neue Krankheiten dazu: Diabetes, Herzinsuffizienz, Bluthochdruck, ja sie bekam sogar – schon in ihren Achtzigern – noch einen Herzschrittmacher eingepflanzt. Ihr Ehemann, der Organist des Dorfes, dem nie auch nur das Geringste gefehlt hatte, war ganz unerwartet an einem Schlaganfall innerhalb weniger Stunden verstorben. Jahrelang hatten wir die Patientin unter strengen regelmäßigen Blutkontrollen mit Blutverdünnungsmitteln, Anticoagulantien, behandelt, bis man ihr eines Tages, wieder einmal im Krankenhaus, die Anticoagulantien abgesetzt hatte, weil sie dadurch Blutungen im Gehirn bekommen hatte.

Als ich den Entlassungsbrief gelesen hatte, schwante mir nichts Gutes.

»Sie machen so ein bedenkliches Gesicht, Herr Doktor«, sagte sie. »Stimmt etwas nicht?«

»Ja, ich mache mir Sorgen, weil man bei Ihnen die blutgerinnungshemmenden Mittel abgesetzt hat.«

»Können Sie mir erklären, weshalb?«

»Weil Sie davon Blutungen im Gehirn bekommen haben.«

»Und was passiert, wenn ich diese Mittel nicht mehr einnehme?«

»Dann können Sie jederzeit wieder einen Arterienverschluß bekommen, wie Sie ihn schon einmal hatten. Und dann könnte es vielleicht zu spät sein für eine Operation und ein Bein müßte amputiert werden.«

»Und wenn ich diese Mittel weiter bekomme?«

»Dann können Sie eine Hirnblutung bekommen und sofort tot sein.«

»Das ziehe ich vor. Geben Sie mir also weiter diese Mittel.«

Das taten wir, ich besuchte sie regelmäßig, wir hatten manche schöne und gute Unterhaltung, sie war eine ganz liebe Frau. Sie hat noch ein paar Jahre gelebt, wurde 87 Jahre alt und fiel eines Nachts auf dem Küchenboden tot um.

Ihre einzige Tochter, die in der Stadt wohnte, aber Tag für Tag herausgekommen war, um nach der Mutter zu sehen, machte sich schwere Vorwürfe, weil ihre Mutter nun einsam und verlassen habe sterben müssen.

»Sie brauchen sich überhaupt keine Vorwürfe zu machen«, sagte ich zu ihr. »Sie haben es ihr ja oft und oft angeboten, sie zu sich zu nehmen, das hat sie mir selber erzählt.«

Immer, wenn ich der alten, schwerkranken Frau zugeraten hatte, zu ihrer Tochter zu ziehen, da sie dort doch so viel besser versorgt wäre, und da es für ihre Tochter viel leichter sei, als jeden Tag von der Stadt herauszufahren, gab sie mir zur Antwort: »Und was soll i mit meinere Katz' mache? Die lass i net im Stich, un ei'schläfere lass i se au net.«

Es war also nur darum gegangen, wer länger leben würde, die Katz' oder sie.

»Und deshalb brauchen Sie sich auch keine Vorwürfe zu machen«, sagte ich zu der Tochter. »Es war ja ihr eigener Wunsch und Wille, bei ihrer Katz' zu bleiben.«
»So können wir Alten mit unserer Sturheit unseren Lieben noch nach dem Tode Gewissensbisse verursachen«, denke ich, und ich nehme mir vor, es einmal besser zu machen, wenn es so weit ist.

Pfarrer Dr.

Es ist ein pensionierter Pfarrer. Als Heimatvertriebener war er nach dem Zweiten Weltkrieg aus dem Osten gekommen, hier im Ort Pfarrer gewesen bis zu seiner Pensionierung. Seine Frau ist seit vielen Jahren tot, seine Kinder wohnen alle weitab, er ist ganz allein in dem hübschen kleinen Häuschen, das er sich gebaut hat, bevor er in den Ruhestand ging.
Obwohl körperlich schwer behindert, versorgt er sich noch allein, kocht, wäscht, kauft ein, pflanzt sogar noch alles Gemüse, das er für seinen Eigenbedarf braucht, im Garten. Nur zum Putzen kommt eine Frau aus dem Dorf, die er seinerzeit konfirmiert hat. Sie hat es nicht nötig, sie tut es aus Anhänglichkeit an ihren alten Pfarrer, obwohl sie noch ihre 90-jährige Mutter zu versorgen hat. Zum Umgraben im Garten nimmt sich der alte Pfarrer auch jemanden, der es mit einem Mini-Motorpflug macht.
Aus dem Gesicht des alten Seelsorgers strahlt eine heitere Gelassenheit. Mit altmodischer Grandezza begrüßt er mich jedesmal, wenn ich komme: Verbeugung, Titulierung, erst hinsetzen, wenn der Gast (ich) sitzt. Fromme Sprüche habe ich von ihm noch nie gehört, vielleicht, weil er weiß, daß ich ein überzeugter Christ bin. Aber ich frage ihn gerne nach seiner alten Heimat aus, und da leuchten seine Augen, es sprudelt nur so aus ihm hervor. Ein ganz und gar zufriedener Mensch. Herzerfrischend, wenn man so alt werden kann, ohne Murren und Klagen.

Ursache oder Wirkung?

Ich komme auf meinen Hausbesuchen zu einem alten Mann, der es einem als Arzt nicht leicht macht, da er ein Nörgler ist und immer etwas auszusetzen hat. Aber ich sehe ihm vieles nach und habe Geduld mit ihm, weil ich mich daran erinnere, mit welcher Aufopferung er seine kranke Frau viele Jahre lang gepflegt hat. Die hatte MS, multiple Sklerose, die sich fast zwei Jahrzehnte hinzog.

Als ich sie am Beginn meiner Praxis von meinem Vorgänger übernahm, saß sie schon im Rollstuhl, konnte aber noch in der Wohnung umherfahren, das Essen kochen, auch noch ein bißchen saubermachen. Dann kroch die Krankheit schleichend höher und höher; zuletzt konnte sie nicht einmal mehr die Arme und Hände rühren. Sie saß da, las eine Illustrierte, und wenn ich hereinkam, sagte sie: »Ach, wären Sie nicht so gut und würden mir eine Seite umdrehen?« Kreuzworträtsel löste sie nur in Gedanken, ohne zu schreiben. Nicht einmal ihre Brille konnte sie hochschieben, wenn sie ihr auf der Nase heruntergerutscht war. Und doch besaß sie einen bewunderungswürdigen Humor und eine beispiellose Gelassenheit. Von ihrem Mann und ihren beiden halbwüchsigen Söhnen wurde sie buchstäblich auf Händen getragen. Jedesmal wenn ich zu ihr kam, hatte sie einen Witz für mich auf Lager, den sie im Radio gehört oder in einer Zeitung gelesen hatte, und da ich wußte, wie gerne sie lachte, hatte auch ich für sie immer einen parat.

Einmal fragte ich sie, ob sie so vergnügt sein könne, weil ihre drei Männer so gut zu ihr seien, oder ob die so gut zu ihr seien, weil sie so vergnügt sei und niemals klage.

»Ich weiß nicht, was da Ursache und was Wirkung ist, Herr Doktor, nur eines weiß ich, daß ein Mann mit einer Frau wie mir übel genug dran ist (sie sagte b'schisse g'nug), und daß ich deshalb kein Recht habe, ihm, wenn er von der Arbeit kommt, eine Trauermiene zu zeigen und ihm was vorzujammern.«

Er hat sie treu gepflegt bis zu ihrem Tode, und deshalb sehe ich ihm vieles nach. Jetzt ist er selber schwer krank, hat Diabetes mit Oberschenkel- und Unterschenkel-Amputation, eine Verengung der Speiseröhre, die ihn nur noch flüssige Speisen zu sich nehmen läßt, eine Hüftgelenksprothese nach Oberschenkelbruch, kurz, er ist übel dran und pendelt eigentlich nur noch zwischen Krankenhaus und daheim hin und her, unterbrochen von Kuraufenthalten. Aber von seinen beiden Schwiegertöchtern wird er genauso liebevoll gepflegt, wie er einstens seine Frau gepflegt hat.
Immer, wenn ich zu ihm komme, muß ich denken: »Womit hast du das verdient, daß es dir jetzt so schlecht geht? Warst so herzensgut zu deiner Frau und mußt jetzt selber so viel leiden.« Es gibt so viele »Warum« im Leben, auf die wir keine Antwort bekommen.

Das alte Haus

In einem alten Fachwerkhaus, es war wunderschön und stand unter Denkmalschutz, wohnte eine Frau, die meine allererste Patientin gewesen war, als ich vor 30 Jahren die Praxis von meinem Vorgänger übernommen hatte. Sie kam wegen einer banalen Erkrankung zu mir in die Sprechstunde, aber als ich sie untersuchte, fiel mir ihr sonderbares Aussehen auf: Ein unmäßig großer Kopf, wulstige Lippen, riesengroße Hände und Füße und eine merkwürdige Stimme. Meine Diagnose lautete: Akromegalie. Eine Erkrankung der Hypophyse. Ich fragte sie: »Haben Sie schon immer so ausgesehen?«
»Nein«, sagte sie, »ich merke erst seit etwa einem Jahr, daß mein Kopf und meine Hände und Füße größer und größer werden, und meine Stimme sich verändert.«
»Und Sie haben sich nie deshalb untersuchen lassen?«
»Nein, ich dachte, da kann man ja doch nichts dagegen machen.«

»O doch, Sie haben nämlich einen Tumor der Hirnanhangdrüse, der Hypophyse, und der muß unbedingt entfernt werden, sonst leben Sie nicht mehr lange.«
»Und was soll ich Ihrer Meinung nach jetzt tun?«
»Ich werde Sie in die Universitätsklinik einweisen, da werden sie dann entscheiden, was gemacht werden kann.«
In der Uniklinik wurde meine Diagnose bestätigt, und sie war bald ein »Vorlesungsfall«, das heißt, sie wurde den Studenten vorgestellt, denn dies ist ein außerordentlicher Fall, den man meist nur aus Lehrbüchern kennt, auch ich hatte ihn vorher noch niemals gesehen. Sie wurde operiert und bestrahlt und bald entlassen. Natürlich änderte sich an ihrem Aussehen nichts mehr, dazu hätte sie schon früher behandelt werden müssen. Aber die Krankheit war immerhin zum Stillstand gekommen. Immer wieder, alle halben Jahre, mußte sie in die Uniklinik zur Nachuntersuchung, natürlich auch zur Studentenvorstellung, sie war ein echter Paradefall. Nur leider hatte sie nicht viel davon, denn sie bekam andere Krankheiten dazu, Gelenkrheuma, Bluthochdruck, Herzinsuffizienz, Diabetes. Aber zum Glück hatte sie einen herzensguten Ehemann. Der sah sehr gut aus, und man konnte sich gut vorstellen, daß er in seiner Jugend den Mädchen den Kopf verdreht haben mußte. So lange er noch auf Arbeit ging, konnte die Frau noch ihren Haushalt selber versorgen. Als er dann berentet wurde, wurde sie zum Pflegefall. Und ihr Mann trug sie buchstäblich auf Händen. Nicht allein, daß er putzte, kochte und die Wäsche wusch, er zog seine Frau an und aus, wusch sie und machte ihre Diät zurecht und hielt das schöne alte Haus, das ihr elterliches gewesen war, in Schuß, was bei einem 250 Jahre alten Haus gar nicht wenig Arbeit macht, wie jeder weiß, der ein solches »Denkmal« besitzt. An allen Fenstern hing ein reicher Hängegeranienschmuck aus den Blumenkästen, hinter dem Haus war ein winzig kleines Gärtchen, welches das ganze Jahr hindurch in üppigem Blumenflor prangte, außerdem an Spalieren ganze Dolden von Brombeeren und Himbeeren. Nie

habe ich so vielerlei in einem so kleinen Gärtchen wachsen sehen.
Jedesmal, wenn ich in dieses Haus kam, mußte ich denken: »Wie würdest du dich in einem solchen Fall verhalten? Hättest du auch so viel Geduld wie dieser Mann?« Nie habe ich ihn klagen hören, nie hat er seiner Frau ein unschönes Wort gesagt. Die Frau, meine Patientin, war auch keine Jammerliese. Aber zum Schluß lag sie nur noch ganz apathisch im Bett und gab auf Befragen kaum Antwort.
Als es schließlich mit ihr zu Ende ging, dachte ich: »Jetzt bekommt dieser arme Mann doch noch ein paar schöne Jahre.«
Aber ich hatte mich getäuscht. Kurz nachdem sie begraben war, starb auch er an einem Herzinfarkt, ganz rasch und ohne lang zu leiden. Ich frage mich, ob das nicht vielleicht eine bessere Belohnung war, als »ein paar schöne Jahre«? Auch ihn habe ich nicht vergessen.

Die Blumenfreundin

Mein erster Besuch gilt heute einer 92-Jährigen. Sie lebt im Hause ihrer verwitweten Tochter, deren 3 Töchter verheiratet und außer Haus sind. Die alte Frau war früher eine große Gartenfreundin gewesen, ihre ganze Liebe galt vor allem den Blumen. Ihr Garten hatte immer, angefangen von den ersten Schneeglöckchen im Februar bis zu den Christrosen kurz vor Weihnachten, einen Blumenflor aufzuweisen, viel schöner als in jeder öffentlichen Anlage. Sie kaufte niemals Setzlinge beim Gärtner, sondern zog alle ihre Pflanzen aus Samen oder Ablegern selber. Schon im Januar standen bei ihr alle Fenstersimse voller Töpfe mit Setzlingen, von denen sie freigiebig an alle verschenkte, die welche haben wollten. Auch ich bezog meine von ihr, und wenn ich sie bezahlen wollte, wehrte sie ab und meinte: »Ich bin zwar nicht reich, und ich habe nicht viel zu verschenken, aber es macht mir Freude,

wenigstens *etwas* verschenken zu können!« Das war als ihr Mann noch lebte und sie in ihrem eigenen Haus wohnte. Ihr Mann war viele Jahre lang krank und ein schwerer Pflegefall gewesen. Als er endlich von seinen vielen Leiden erlöst und gestorben war, beschloß sie, ihren Haushalt in dem schönen alten Bauernhaus aufzulösen, das Haus zu verkaufen und zu ihren Töchtern zu ziehen, im Sommer zu der einen, im Winter zu der anderen. Am schwersten fiel ihr der Abschied von ihrem geliebten Garten. Nun hatte sie es gut, so gut wie nie zuvor in ihrem Leben. Von den beiden Töchtern wurde sie verwöhnt, von allen Enkeln heiß geliebt. Zum ersten Mal hätte sie ihr Leben richtig genießen können.
Da zeigte sie mir eines Tages einen Knoten in der linken Brust. Die Diagnose war nicht schwer zu stellen: Brustkrebs! Aber von einer Operation wollte sie durchaus nichts wissen, ja, nicht einmal einer gründlichen Untersuchung zur Sicherung der Diagnose stimmte sie zu. »Wozu?« meinte sie, ich glaube es Ihnen auch so, daß es Krebs ist. Aber ich bin nun schon so alt, daß es doch ganz einerlei ist, woran ich sterbe. Wozu bei einer alten Frau von 88 Jahren noch so viele Umstände machen? Ich sterbe gerne, je eher, desto besser.«
Alles was ich sagte, alle meine Vorhaltungen waren in den Wind gesprochen. Und der Krebs wuchs und wuchs und wuchs. Als er doppeltfaustgroß war und ganz hart, drohte er durchzubrechen. Sie litt große Schmerzen, die man nur noch mit den stärksten Schmerzmitteln lindern konnte. Einer ihrer Enkel, auch Arzt, war dafür, sie doch noch ins Krankenhaus einzuweisen, um zu sehen, was man dort vielleicht noch für sie tun könnte, um ihr zu helfen. Aber es war zu spät. Erst nach fünf Jahren, mit 93, wurde sie endlich erlöst. Nie hat sie gejammert oder sich beklagt, geduldig hat sie ihre Schmerzen ertragen. Ihre Geduld ist mir bis heute unvergessen geblieben.
Aber ich nahm mir vor, in Zukunft einen Patienten, und sei er auch noch so alt, in einem solchen Falle einfach zu *zwingen*, zur Operation ins Krankenhaus zu gehen.

Die Frau von »drüben«

In einem Reihenhaus, dessen Vorgarten ein wunderschöner Blumenflor schmückt, komme ich zu einer 84-Jährigen, die von »driem« (drüben), also aus Sachsen, aus der ehemaligen DDR, gekommen ist. Und zwar *nach* der Wende. Ihre Tochter hätte sie gerne schon vorher zu sich herübergeholt, denn das wäre ja für eine alte, kranke Rentnerin durchaus möglich gewesen; Menschen, die dem Staat nichts mehr einbrachten und nur Unkosten verursachten, ließ man nur *zu* gerne gehen, sogar mit einer Urkunde: »Ehrenvolle Entlassung aus der DDR«. Aber die Tochter war noch berufstätig und hätte sich nicht die Zeit nehmen können, um die kranke Mutter zu pflegen.
Sie war dann infolge eines Wirbelsäulenleidens Frührentnerin geworden und hatte nun Zeit für ihre Mutter, also hatte sie sie herübergeholt.
Die alte Frau war schwer herzleidend und saß, nach Atem ringend, auf dem Sofa, wenn ich kam. Leider, leider konnte ich außer ein wenig Linderung wenig für sie tun. Auch vom Krankenhaus, in das ich sie nach ihrer Ankunft von drüben gleich eingewiesen hatte, war sie ungebessert entlassen worden.
»Wie traurig«, mußte ich jedesmal denken, »jetzt hätte sie es nach den vielen Jahre der Entbehrung endlich einmal gut haben können, und nun ist sie so krank und hat gar nichts mehr davon, in den Westen gekommen zu sein.«
Aber die alte Frau sah das anders als ich.
»Ist das nicht schön?« meinte sie immer, wenn ich kam, »daß ich jetzt, wo es mit mir zu Ende geht, bei meiner Tochter sein kann, die mich so liebevoll pflegt? Ich muß immer denken, wie das wäre, wenn ich jetzt so ganz allein und verlassen »driem« in meinem kleinen Häuschen sitzen müßte.«
Das nenne ich positiv denken. Wieder einmal ist mir ein Patient Vorbild gewesen.

Corinna oder der Engel in Menschengestalt

Auf den ersten Blick sah sie aus wie eine elegante Modedame: Grüne Lidschatten, Wimperntusche, Make-up, gefärbte Haare, hautenge Leggins, Minirock oder heiße Höschen. Niemand hätte vermutet, daß sie ein Engel in Menschengestalt war. Und doch war sie einer. Mit ihrem Mann zusammen hatte sie die von ihren Schwiegereltern ererbte Gastwirtschaft mit Metzgerei betrieben und war von früh bis spät im Laden oder in der Gastwirtschaft tätig. Die Schwiegermutter hatte sich immer noch als Köchin nützlich gemacht. Von den zwei herkulischen Söhnen hatte der ältere, ein »Bodybuilder«, das Metzgerhandwerk erlernt und wollte später den ererbten Familienbetrieb übernehmen. Eine Allergie, berufsbedingt, machte aber einen Strich durch die Rechnung, er mußte umschulen. Der jüngere Sohn hatte einen kaufmännischen Beruf erlernt und hätte sowieso kein Interesse an der Gastwirtschaft gehabt, da er, von einer christlichen Jugendgruppe geprägt, sich im kirchlichen Bereich betätigte, was sich seiner Meinung nach nicht mit dem Gastwirtsberuf vertrug.

Da nun eine Erbfolge in dem Betrieb nicht in Frage kam, sagten sich Corinna und ihr Mann: »Wozu sollen wir uns abrackern von früh bis in die Nacht, wenn der Betrieb eines Tages sowieso in fremde Hände übergeht? Da können wir uns unser Leben auch etwas bequemer gestalten.« Sie verkauften also das riesengroße Haus an die Gemeinde, welche ein Asylantenheim daraus machte, und schlossen die Metzgerei. Corinna ging als Metzgereiverkäuferin arbeiten, ihr Mann arbeitete in einer Großschlachterei. Sie bauten sich ein wunderschönes, großes Haus, das sie mit gutem Geschmack möblierten, richteten für die Schwiegermutter eine eigene kleine Wohnung darin ein, und alles war, wie man so sagt, »in schönster Butter«. Bis eines Tages die Katastrophe kam.

Die Schwiegermutter, die ihr ganzes Leben lang geschuftet

hatte wie ein Pferd, bekam einen Schlaganfall und war nicht nur halbseitig gelähmt, sondern hatte auch das Sprachvermögen verloren und, was noch schlimmer war, sie konnte auch nicht mehr schlucken und mußte mittels einer Nasensonde künstlich mit Astronautenkost ernährt werden.
Corinna gab, ohne sich zu besinnen, ihren Beruf auf und blieb zu Hause, um die Schwiegermutter, welche zum Schwerstpflegefall geworden war, zu versorgen. Daran, daß sie später eine viel kleinere Rente bekommen würde, wenn sie nun nicht mehr arbeiten ging, dachte sie nicht einen Augenblick. Und sie pflegte ihre Schwiegermutter mit einer geradezu rührenden Liebe und Aufopferung. Dabei war sie, was noch am erstaunlichsten war, immer heiter und vergnügt. Immer, wenn ich meinen Arztbesuch machte, sagte ich zu der Großmutter: »Bei allem Unglück haben Sie doch noch das große Glück, in Ihrer Schwiegertochter eine so gute Pflegerin zu haben, nicht wahr?« und sie nickte mit dem Kopf und lächelte. Corinna strich ihr über die Wange und sagte: »Sie war auch immer gut zu mir, das hat sie verdient, gelt Oma?«
Bald kam für Corinna eine noch größere Zerreißprobe. Ihre eigene Mutter, eine Bäckerswitwe, war schwer zuckerkrank. Sie hatte 7 Kinder großgezogen neben ihrer Tätigkeit als Geschäftsfrau und lebte nun allein in dem großen Haus, da alle Kinder außer Corinna weggezogen waren, die meisten in fremde Erdteile. Zwar kam die Gemeindeschwester alle Tage, um ihr das Insulin zu spritzen, aber die Patientin hielt sich an keine Diät, und so kam es, daß der Zucker immer wieder »entgleiste«, wie wir Mediziner sagen, so daß nicht nur die Zehen abstarben und nach und nach amputiert werden mußten, sondern – und das war noch viel schlimmer – ihre Sehkraft ließ nach, bis sie fast erblindete. Wir, die Gemeindeschwester und ich, sahen, daß sie nicht länger allein in ihrem großen Haus bleiben konnte. Was nun? Pflegeheim? »Auf gar keinen Fall«, sagte sie, »habe ich dafür 7 Kinder großgezogen?« Aber zu den Kindern im Ausland

wollte *sie* nicht, denn da hätte sie mit keinem Menschen ein Wort reden können, da sie die Sprache des Landes nicht verstand, und die Töchter und Schwiegertöchter erklärten, sie könnten sie nicht nehmen, da sie arbeiten gingen. Blieb also nur Corinna, der man, menschlich sowohl als auch medizinisch betrachtet, unmöglich zumuten konnte, neben der Schwiegermutter nun auch noch die eigene Mutter zu pflegen. Aber Corinna besann sich keinen Augenblick. »Meine eigene Mutter in ein Pflegeheim? Nicht, so lange ich lebe, kommt gar nicht in Frage. Wenn keines von meinen Geschwistern sie nehmen kann, dann kommt sie zu mir.« Meine Bedenken, ob das nicht zu viel würde für sie, schlug sie in den Wind. »Jetzt probieren wir's halt einmal«, meinte sie, »ich melde mich dann schon, wenn's nicht geht.« Und – es *ging!* Die zuckerkranke Patientin, also die Mutter von Corinna, hatte ein heiteres Wesen, und wenn ich kam, hatten wir immer etwas zu lachen. »Ein Glück für Sie«, sagte ich zu Corinna, »daß sie immer so heiter und vergnügt ist, das macht es doch um vieles leichter für Sie.«

»Herr Doktor«, meinte sie darauf, »wie oft habe ich Ihnen denn schon gesagt, daß Sie zu mir nicht Sie sagen sollen? Sie kennen mich schon von Jugend auf, und ich finde es einfach lächerlich, mich von unserem alten Hausarzt siezen zu lassen. Also: ein für allemal, Sie sagen du zu mir, ist das klar? Und was Ihre Bemerkung über das heitere Wesen meiner Mutter angeht, so muß ich Ihnen leider sagen, daß sie mit allen Menschen heiter sein kann, nur mit mir nicht. An mir hat sie immer etwas auszusetzen, mit mir schimpft sie nur, leider.«

»Das kenne ich von meiner Mutter, die sagte auch zu mir, alle Menschen seien ihr gut, nur ihre eigenen Kinder hätten immer etwas an ihr zu nörgeln. Darauf gab ich ihr dann zur Antwort, an Fremden habe sie auch nicht immer etwas auszusetzen, aber wir könnten ihr nichts recht machen. Wir seien doch jetzt erwachsen und sie solle sich damit abfinden, daß es zum Erziehen jetzt zu spät sei, sie müsse uns so nehmen, wie wir nun einmal seien. Weißt du was, Corinna, ich werde mal mit deiner Mutter reden und ihr den Marsch blasen.«

Das tat ich dann. »Warum machen Sie es denn Ihrer Tochter so schwer? In ein Pflegeheim wollen Sie nicht, und von Ihren anderen Kindern will Sie keines nehmen. Sie müssen doch froh sein, daß Ihre Corinna Sie genommen hat, das ist doch anerkennenswert, wo sie schon mit der Pflege ihrer Schwiegermutter genug am Hals hat. Jetzt seien Sie doch einmal froh und dankbar und meckern Sie nicht immerzu an Ihrer Tochter herum, sonst müssen Sie doch eines Tages ins Pflegeheim. Also, ich erwarte Erfolgsmeldung, haben Sie mich verstanden?« Und die Erfolgsmeldung kam. Corinna pflegt ihre beiden Omas weiter, bis der Tod ihr die Aufgabe aus der Hand nehmen wird.

Der Honig-Karle

Weil er früher, vor Jahrzehnten, in der Stadt ein Honig-Geschäft betrieben hatte, nannten sie ihn im Dorf immer noch den Honig-Karle. Bei einem Bombenangriff im Weltkrieg waren ihm Frau und drei Kinder unter den Trümmern seines Hauses begraben worden. Er selber war als einziger Überlebender aufs Dorf evakuiert worden und wurde dort mit seinem freundlichen, hilfsbereiten Wesen bald heimisch. Er hatte ein ältliches Fräulein kennengelernt und hatte noch einmal geheiratet, ja sogar ein Sohn war ihm auf seine alten Tage noch geboren worden. Dieser, kaum flügge, hatte seine Eltern, die den Jahren nach seine Großeltern hätten sein können, verlassen, war in eine andere Stadt gezogen und kümmerte sich kaum um sie.

Die Frau war eine rechte Hypochonderin, die tagaus, tagein etwas zu klagen hatte und den Doktor reichlich oft in Anspruch nahm. Aber sie wurde von ihrem Karle buchstäblich auf Händen getragen. Keine Mühe war ihm zu groß, um ihre

Wünsche und Forderungen zu erfüllen. Putzen, Einkaufen, Kochen, Waschen waren seine Aufgaben, während sie sich an guten Tagen höchstens dazu herbeiließ, das Essen zu kochen, falls sie nicht krank im Bett lag.

Und nun war die Reihe an ihn gekommen. Er war neunzig Jahre alt, sein Herz machte nicht mehr mit. Der Atem ging schwer, die Beine waren voll Wasser, die Lippen blau.

»Was ist, kann's no lang daure, Herr Doktor? Zwei, drei Täg'? *Ich* kann den Mann net pflege, ich bin selber krank. Gelle Se, viel mache dien mer nemme. E bißle ebbes spritze, daß ers leichter hat beim Sterbe, sonst nix, verspreche Se mers?«

Nach ein paar Jahrzehnten Doktorerfahrung weiß man, wann es Zeit ist zum Sterben, und wann es noch einen Sinn hat, um ein Leben zu kämpfen. So wies ich ihn nicht ins Krankenhaus ein. Aber am nächsten Tag flog ich zu einem Missionseinsatz nach Afrika. Für die Praxis hatte ich eine junge, eifrige Ärztin, frisch aus dem Krankenhaus, engagiert. Diese nun setzte ihren ganzen ärztlichen Stolz darein, unseren Honig-Karle durchzubringen. Zweimal am Tag fuhr sie ins Nachbardorf hinüber, um ihm Spritzen zur Entwässerung und zur Herzstärkung zu geben. Schließlich hatte sie es geschafft. Sie sagte zur Ehefrau: »So, jetzt brauche ich nicht mehr zu kommen, es geht jetzt wieder.«

Darauf die Frau: »Jo, Fraile Dokter, Sie henn ehn jo nomol hi'kriegt mit Ihre' Spritze'. Awer des kann i Ihne sage, wenn *onser* Dokter do gwese wär', tät er nemme lewe!«

Die junge Ärztin war entsetzt, und als ich aus Afrika zurückkam, erzählte sie mir, was ich für einen Ruf hätte in der Gegend. Ich lachte und sagte ihr, daß die Frau mir damit ein Lob habe aussprechen wollen. Ihr Ausspruch sollte verblümt heißen: »Unser Doktor wäre nicht so blöde gewesen wie Sie.«

Nach ein paar Wochen ist der Honig-Karle dann sanft entschlafen. Es war an einem Sonntag, und die Frau hat den Sonntagsdienst nicht gerufen, wohl weil sie wußte, daß der

Sonntagsdienstarzt ihn doch ins Krankenhaus eingewiesen hätte, wo man sein Leben und seine Qualen doch nur wieder verlängert hätte.

Harte Lose. Eine traurige Geschichte mit gutem Ausgang

Manchmal frage ich mich, warum Gott *einem* Menschen alles aufbürdet, was es an Schwerem gibt, während andere scheinbar unbeschadet durchs Leben gehen.

Heute früh wollte ich nach dem alten W. sehen, der, achtzigjährig, den dritten Herzschrittmacher in zehn Jahren hat. Sein Bauch ist voll Wasser, die Beine sind unförmig angeschwollen, der Atem geht keuchend, seine Gesichtsfarbe ist so blaß wie bei einer Leiche. Auf mein Klingeln öffnet mir die Schwiegertochter. Sie sah so elend aus, daß ich zu ihr sagte:

»Was ist denn mit Ihnen los? Geht es Ihnen nicht gut? Kommen Sie, wir gehen zuerst mal zu Ihnen hinein, bevor wir nach dem Opa sehen.«

»Ja, ich fühle mich schon seit Tagen gar nicht gut. Ich kann kaum atmen, mein Herz tut weh und ich habe 40 Grad Fieber.«

Ich untersuchte sie und stellte fest, daß sie eine massive Lungenentzündung hatte.

»Wieso liegen Sie da nicht im Bett und laufen herum, als ob nichts wäre?« fragte ich.

»Wie kann ich das? Sie kennen ja meine Lage am besten, Herr Doktor.«

Aber ich will die Geschichte ganz von vorn erzählen.

Ein Kleinbauernhaus. Wie das in unserer Gegend so üblich ist, geht der Mann auf Arbeit, während die Frau mit dem Traktor aufs Feld fährt, die Äcker bestellt, die paar Kühe im Stall versorgt und ihren Haushalt mit Mann und Kindern dazu. Unten wohnt die junge Familie, oben die Großeltern.

Sie haben »den Sitz«, wie man hier sagt, das heißt, sie haben das Haus und die Grundstücke dem ältesten Sohn übergeben gegen einen relativ niedrigen Preis, den er an die anderen Geschwister zu bezahlen hat. Dafür hat er die Verpflichtung, für die Eltern zu sorgen, ihnen Wohnung und Essen zu geben, so lange sie leben und sie auch zu pflegen, wenn sie alt und hinfällig werden, bis sie schließlich sterben.

So lange die Großeltern noch rüstig sind, helfen sie ein wenig auf dem Feld mit oder hüten die Enkelkinder, damit die Hausfrau – Bäuerin kann man kaum sagen – entlastet ist.

Die Mutter der jungen Frau wohnt im Nachbardorf. Sie kommt alle Tage herüber, bei schönem Wetter zu Fuß, bei schlechtem mit dem Bus, und macht sich auch nützlich, so gut sie kann. Abends geht sie dann wieder nach Hause, um in ihrem eigenen Haus und Bett zu schlafen.

Eines Tages waren die junge Frau und die Großeltern auf dem Feld, und die Oma vom Nachbardorf sollte auf die Kinder aufpassen. Auf einmal läuft der kleine Junge in einem unbewachten Augenblick auf die Straße hinaus, ein Auto kommt heruntergefahren und überfährt ihn. Er ist sofort tot. Daß der Jammer groß war, brauche ich keinem zu sagen, der einmal ein Kind verloren hat.

Aber die Oma, die im Haus wohnt, wirft der anderen Oma vor, sie sei ganz allein schuld am Tod des Enkels; hätte sie besser aufgepaßt, so hätte das nicht passieren können. Sie solle ihr Haus *nie* wieder betreten, so lange sie lebe.

Aber es bringt ihr keine Erleichterung, daß sie ihre »Gegenschwieger« nicht mehr sieht. Sie grübelt und grübelt, warum Gott zugelassen hat, daß ihr Herzblättchen sterben mußte. Schließlich wird es so schlimm mit ihr, daß man sie in eine Nervenklinik einweisen muß, wo sie einige Monate verbringt. Die Ärzte dort sagen dem jungen Ehepaar, sie sähen keine Hoffnung auf Besserung, alle Medikamente helfen nichts. Sie könnten ihnen nur den Rat geben, sich noch ein Kind anzuschaffen. Das Ehepaar hatte sich mit dem Verlust des Jungen schon mehr oder weniger abgefunden. Da sie schon neununddreißig und vierzig Jahre alt sind, hatten sie nicht die Absicht gehabt, noch ein Kind zu bekommen. Aber, um der Oma zu helfen, entschließen sie sich, es doch noch einmal zu versuchen.

Prompt wird die Frau schwanger, und als nach neun Monaten das Kind zur Welt kommt, ist es ein Tetraspastiker, das heißt, beide Arme und beide Beine sind spastisch gelähmt. Der Junge kann nicht schlucken. Da er untergewichtig ist, wird er in der Kinderklinik im Brutschrank aufgezogen. Er bekommt eine Sonde durch die Nase in den Magen und wird mit flüssiger Nahrung künstlich ernährt, da er noch nicht einmal ein Teelöffelchen voll Flüssigkeit hinunterschluckt.

Die Eltern kommen nach ein paar Monaten zu mir und fragen mich um meinen Rat.

»Das Kind ist nicht normal, es wird auch nie werden, es wird, wie die Ärzte sagen, immer schwerstbehindert bleiben, sein ganzes Leben lang. Was sollen wir tun? Es heimnehmen, selbst auf die Gefahr hin, daß es uns stirbt?«

»Ja, das würde *ich* tun, wenn es mein Kind wäre«, sage ich.

Sie bitten in der Klinik, daß man ihnen das Kind nach Hause gibt. Ihre Bitte wird abgeschlagen. Das Kind sei nicht entlassungsfähig. Wenn sie es mit nach Hause nehmen, käme das einem Todesurteil gleich. Sicherlich wollten sie doch ihr Kind nicht ermorden? Sie kommen zu mir und bitten mich, doch selbst einmal mit dem Professor zu sprechen. Bei dem kam ich aber schön an. Er putzte mich herunter:

»Sie wissen doch, daß das Kind zu Hause sterben wird, wie können Sie als Arzt solch einen Vorschlag überhaupt in Erwägung ziehen?«

»Und meinen Sie nicht, daß es für das Kind besser wäre, zu sterben, wenn doch keinerlei Hoffnung besteht, daß es sich je selber wird helfen können?«

»Wir Ärzte haben nicht über Leben und Tod zu entscheiden, auch nicht darüber, ob unsere Bemühungen sich lohnen oder nicht, wir haben um *jedes* Leben zu kämpfen, gleichviel, wie

sinnlos unser Kampf erscheint. Von Ihnen als Christ hätte ich eigentlich eine andere Einstellung erwartet. Überlassen Sie es Gott, ob er das Kind sterben lassen will. Sie enttäuschen mich!«
»Und meinen Sie nicht, daß wir Ärzte manchmal Gott ins Handwerk pfuschen? Daß *er* eigentlich den Tod für einen Menschen bestimmt hat, *wir* aber glauben, es besser zu wissen und alles tun, um den Tod zu verhindern?«
»Ich lehne jede weitere Diskussion ab, unsere Ansichten sind diametral entgegengesetzt, obwohl wir beide vorgeben, überzeugte Christen zu sein.« Damit ließ er mich stehen, drehte sich um und verschwand.
Das Kind blieb eineinhalb Jahre lang in der Klinik. Es wuchs, aber es stellte sich heraus, daß es weder stehen, noch gehen, noch sitzen konnte. Beide Hände waren in einem Dauerkrampf zusammengeballt, und man konnte sie nur mit Gewalt öffnen. Aber das Schlimmste war noch, daß er auch nicht sprechen konnte. Selbst das Sprachzentrum im Gehirn war geschädigt. Als der Junge endlich ohne Sonde ernährt werden konnte, nur mit dem Teelöffel und nur mit dünnflüssiger Nahrung, gab man ihn den Eltern endlich nach Hause. Mit dem Taxi wurde er ein paarmal in der Woche zur Spastikergymnastik in die Stadt abgeholt, später mit dem Taxi auch zum Spastikerkindergarten, dann in die Spastikerschule. Er blieb ein spindeldürres Knochengestell, und alles, was man ihm in jahrelangem Behindertenunterricht hatte beibringen können, war den Kopf nach links zu drehen, wenn er ja, und nach rechts, wenn er nein sagen wollte.
Da er keine Kontrolle über Urin- und Stuhlentleerung hatte, bekam er wieder und wieder schwere Nierenbeckenentzündungen mit hohem Fieber, bisweilen Durchfälle, die ihn so austrockneten, daß er am Rand des Grabes stand. Ein paarmal kam auch noch eine Lungenentzündung dazu, und ich dachte: Jetzt ist es soweit und er wird erlöst. Aber wenn ich dann die Eltern ansah und herauszufinden suchte, was *sie*

von mir erwarteten, dann bettelten sie: »Gelt, Herr Doktor, Sie geben ihm Antibiotika und alles, was nötig ist? Wir möchten ihn nicht verlieren, wir haben uns jetzt so an ihn gewöhnt. Damals, in der Klinik, hätte es uns nichts ausgemacht, wenn er gestorben wäre. Aber jetzt – nein, jetzt möchten wir ihn behalten.«

Lange Zeit dachte ich, der Junge sei auch geistig behindert. Das war mir ein Trost. Immer wieder dachte ich: »Armer Wurm, wenigstens bekommst du nichts mit von deinem Elend.« Wann immer ich kam, strahlte er mich an, aber ich wußte nicht, ob es war weil er mich mochte oder einfach, weil er blöde war.

Dann erzählte ich eines Tages den Eltern irgend ein lustiges Erlebnis aus meiner Praxis, und als die Pointe kam, lachte der Junge schallend hinaus und konnte gar nicht aufhören zu lachen. Mit Entsetzen wurde mir klar: der Junge ist ja völlig normal, er begreift alles, was um ihn her vorgeht und was man zu ihm sagt, nur sein Geist ist in einem Gefängnis und kann nicht heraus. Seit dieser Zeit wurde mein Verhältnis zu ihm ein ganz anderes. Ich spürte, daß sein Strahlen, wenn ich ins Zimmer kam, echte Sympathie für mich war, und auch ich gewann ihn lieb. Ich sprach von da an mit ihm wie mit einem ganz normalen Kind, erzählte ihm Dinge wie einem Erwachsenen und erhielt immer Antwort: Kopf nach links, Kopf nach rechts: Er verstand alles und gab immer die richtige Antwort.

Mittlerweile wurde die Oma im Nachbardorf immer hinfälliger. Mutterseelenallein lebte sie in einem alten Häuschen, und das Bewußtsein, schuld am Tode ihres geliebten Enkels sein zu sollen, machte sie schwermütig. Zur Tochter durfte sie nicht mehr, ihr war das Haus verboten, und sie wäre auch nicht gegangen, wenn die Tochter es mit Gwalt durchgesetzt hätte. So vegetierte sie einsam und verlassen dahin, und meine Besuche und die der Gemeindeschwester waren eine Abwechslung in ihrem monotonen Leben. Ihre Tochter besuchte sie an den Sonntagnachmittagen, denn das war die einzige Zeit, die sie erübrigen konnte bei ihren vielen Pflichten.

Eines Tages, als mein Hausbesuch bei ihr fällig war, fand ich sie halberfroren vor dem Bette liegend. Sie hatte austreten wollen, war hingefallen und hatte sich nicht mehr aus eigener Kraft erheben können. Die Temperatur im Häuschen war fünf Grad unter Null. Da sie nur das Nachthemd anhatte, war sie blaugefroren und ihr Puls war schwach, war kaum zu fühlen. Vielleicht hätte ich sie ins Bett gebracht und sterben lassen, ich weiß es nicht. Aber da kam die Nachbarin dazu, und als die sah, was los war, rannte sie davon und telefonierte nach dem Notarztwagen.

Im Krankenhaus wollte man von mir wissen, was da vorgefallen sei. Als ich es erzählte, wurde die Fürsorge eingeschaltet und die bestand darauf, daß die alte Frau in ein Pflegeheim eingewiesen werden sollte.

Davon wollte aber der Schwiegersohn durchaus nichts wissen.

»Dann müssen Sie die alte Frau zu sich nehmen, allein darf sie nicht bleiben«, sagte die Fürsorge.

»Das geht nicht, wir können sie nicht nehmen«, meinte er. »Wir haben ein schwerstbehindertes Kind, meine alten Eltern, meine Frau muß die Landwirtschaft versorgen, und Platz haben wir auch keinen.«

»Und wie denken *Sie* es sich denn?«

»Die Gemeindeschwester soll jeden Tag zweimal nach ihr sehen, jemand von der Nachbarschaft soll ihr das Essen bringen – dem gibt man eben ein paar Mark dafür –, und der Doktor kann ja ein bißchen öfter zu ihr kommen.«

So wurde es eine Weile gemacht, aber da streikte die Krankenkasse. »Wenn die Lage *so* ist, dann ist dies kein Krankheits- sondern ein Pflegefall«, hieß es, »und dafür ist die Kasse nicht zuständig.«

Schließlich sprach ich mit der Tochter.

»Schauen Sie, lange kann es sowieso nicht mehr gehen. Sie würden sich doch Ihr Leben lang Vorwürfe machen, wenn

Sie Ihre Mutter einsam und von allen verlassen sterben lassen würden. Reden Sie mit Ihren Schwiegereltern ganz offen und machen Sie ihnen klar, daß dies *Ihr* Haus ist und daß *sie* nur den Sitz darin haben und Ihnen keine Vorschriften machen können, *wen* Sie in Ihrer Wohnung aufnehmen. Und wenn Sie auch kein eigenes Zimmer für Ihre Mutter haben, so stellen sie eben ein Bett ins Wohnzimmer oder in die Küche. Die Gemeindeschwester wird Ihnen bei der Pflege zur Seite stehen, auch wenn sie es bei der Kasse nicht anmelden kann. Ich kenne sie, sie ist eine Christin und wird es notfalls auch so tun.«

So wurde es dann gemacht. Die alte Frau starb wohlbehütet und gepflegt ein paar Wochen später, umgeben von Tochter und Enkeln. *Dieses* Leid war ausgestanden.

Inzwischen hatte der Großvater wegen seines Herzens ins Krankenhaus gemußt, und dort hatte man ihm einen Schrittmacher eingepflanzt, mit dem eine Weile alles gut ging, so daß er sich schön erholte.

Aber dann wurde die Großmutter zunehmend zerebralsklerotisch. Zuerst vergaß sie mitten im Satz, was sie hatte sagen wollen, dann kannte sie ihre eigenen Angehörigen nicht mehr, redete sie mit Sie an und fragte sie, was sie von ihr wollten. Merkwürdigerweise begrüßte sie mich immer, wenn ich kam, mit »Guten Tag, Herr Doktor«, ich war zuletzt eigentlich noch der einzige Mensch, den sie erkannte.

Dann ließen auch ihre körperlichen Funktionen nach. Sie konnte nicht mehr selbst essen, Stuhl und Urin nicht mehr halten, und da sie dauernd eingenäßt im Bett lag, bildeten sich fürchterliche Druckgeschwüre, trotz bester Pflege durch die Gemeindeschwester und Schwiegertochter. Sie verbreitete einen schrecklichen Gestank, der einem schon entgegenschlug, wenn man zur Haustüre unten hereinkam. Wie ein lebender Leichnam lag sie im Bett, außer Atem gab sie keinerlei Lebensäußerung mehr von sich, und man hätte denken können, sie müßte jeden Augenblick sterben. Leider war dem aber nicht so, sie vegetierte in diesem elenden Zustand noch über ein Jahr dahin. Die Leute im Dorf, denen bekannt war, wie schnöde sie ihre Gegenschwieger behandelt hatte, sagten mir mehr als einmal: Herr Doktor, da heißt es auch »irret euch nicht, Gott läßt sich nicht spotten, was der Mensch sät, wird er ernten«.

Aber ich mußte bei mir denken, die, die gesät hat, erntet ihre böse Frucht nicht, sie merkt ja gar nichts von ihrem Zustand. Ernten muß die arme Schwiegertochter, die für alles gar nichts kann und schon übel genug dran ist mit ihrem behinderten Kind und der traurigen Erfahrung mit ihrer Mutter.

Schließlich starb die alte Frau, und als man dem Großvater nach Verschleiß des ersten Schrittmachers seinen zweiten eingesetzt hatte, schien es eine Weile so, als ob das Los leichter würde. Leider hielt dieser Zustand nicht lange vor. Er siechte zusehends dahin, und als es eines Tages wieder so weit war, daß der Puls sich verlangsamte, der Bauch anschwoll, der Atem schwer ging, meinten wir alle, das Ende sei da. *Ich* wollte ihn nicht mehr ins Krankenhaus schicken, und der Sohn und die Schwiegertochter waren auch damit einverstanden, der Patient selbst sowieso.

Nun trat aber die Tochter des Alten in Erscheinung, die es immer verstanden hatte, dem Vater den Brei ums Maul zu schmieren und der er immer seine ganze, nicht unbeträchtliche Rente hatte zukommen lassen, und forderte strikt eine sofortige Einweisung.

Sie wollte ihre Pfründe nicht verlieren, und dem Bruder samt seiner Frau warf sie unverhohlen vor, sie wollten den Alten gern los sein, um nicht mehr für ihn sorgen zu müssen. Diesen Vorwurf wollten die nicht auf sich sitzen lassen, also: »Bitte weisen Sie ihn ein, Herr Doktor.«

Der dritte Schrittmachter wurde eingepflanzt, aber danach ging es nur noch bergab.

Es stand jetzt so übel um ihn, daß er mir vor seiner Tochter sagte:

»Noch einmal geh' ich nicht ins Krankenhaus, jetzt will ich

sterben, das ist ja kein Leben mehr. Neunerlei Tabletten am Tag schlucken, die gar nichts mehr nützen, keine Luft mehr kriegen, der Bauch und die Beine voll Wasser – was ist das schon für ein Leben?«

Den Mut, gar nichts mehr einzunehmen, damit es schneller geht, hatte er nicht, und ich konnte es ihm nicht sagen.

Und nun hatte also die junge Frau eine Lungenentzündung, 40 Grad Fieber, mußte das behinderte Kind – zwölf Jahre alt – und den kranken Schwiegervater pflegen, ihr Vieh im Stall versorgen und die Familie bekochen, Schnee schippen und das Haus sauber machen. Ich ging sofort ans Telefon, rief die Firma des Mannes an, und als ich ihn am Apparat hatte, forderte ich ihn auf, unverzüglich das Kind in einem Heim unterzubringen, den Vater anderweitig – vielleicht durch seine Tochter versorgen zu lassen –, und selber Urlaub zu nehmen, um Haus und Vieh zu versorgen. Die Frau steckte ich ins Bett, fuhr täglich in ihr Dorf hinüber, um ihr Antibiotika zu spritzen, und jetzt ging es ihr endlich wieder etwas besser. Aber die ganze Zeit über beschäftigte mich der Gedanke, warum Gott, an den ich glaube, gerade *einem* Menschen alles aufbürdet und andere ungeschoren davonkommen läßt.

Auf solche Fragen hat Erika immer den Spruch bereit: »Was ich jetzt tue, das weißt du nicht, aber du wirst es hernach erfahren.«

Was bleibt uns übrig, als darauf zu warten und einstweilen alles zu tun, was wir können, um das Los solcher geschlagenen Menschen *etwas* zu erleichtern, und sei es auch nur durch ein wenig Teilnahme, ein freundliches Wort?

Ich liebe meinen Beruf noch immer, nachdem ich schon fünfundfünfzig Jahre Arzt bin.

Aber es ist ein schwerer Beruf.

Postscriptum nach einigen Jahren:

Der schwerbehinderte Junge ist 14 Jahre alt geworden und ist dann an einer Lungenentzündung gestorben. Die beiden Großeltern sind bald nacheinander verstorben. Die Tochter der Eheleute hat einen sehr fleißigen, anständigen Mann geheiratet und zwei gesunde Kinder, einen Buben und ein Mädel, bekommen, die die Freude der Großeltern sind. Alle zusammen leben in schönster Harmonie miteinander im Haus und stehen mit ihren Nachbarn auf gutem Fuße. So ist nach vielen Jahren des Leides doch noch das Glück ins Haus gekommen, in das ich über 30 Jahre als Hausarzt gekommen bin.

Das »Versuchskaninchen«

Sie war aus dem Osten gekommen, eine Heimatvertriebene aus Schlesien, und nun lebt sie bei ihrem Sohn und der Schwiegertochter. Als deren Kinder noch klein waren, hatte sie die versorgt, damit die Schwiegertochter auf Arbeit gehen konnte.
Jetzt sind die Kinder groß und aus dem Haus, und da die Großmutter nun alt und pflegebedürftig ist, bleibt die Schwiegertochter zu Hause, um sie zu versorgen, »wie es sich gehört«, sagt sie.
»So etwas von Harmonie wie in diesem Hause gibt es ja gar nicht«, denke ich jedesmal, wenn ich komme. Und dabei ist es eine schwere Pflege, denn die Großmutter hat schon viele schwere Krankheiten durchgemacht: Einen Herzinfarkt mit nachfolgender Bypassoperation und Schrittmachereinpflanzung, eine Gallenblasenoperation und eine totale Magenresektion wegen Krebs. Trotz all ihrer Leiden habe ich diese Frau nie jammern oder klagen gehört.
»Ich bin ja so gut versorgt«, meint sie, »meine Schwiegertochter ist so gut zu mir, da habe ich doch kein Recht, zu klagen.«
Nachdem einige Jahre alles gut gegangen war, so daß wir annehmen konnten, der Krebs sei ausgeheilt, kamen doch noch Metastasen, Tochtergeschwülste, die sich die ganze Speiseröhre hinaufzogen, so daß sie nicht mehr essen, ja kaum

noch schlucken konnte und mit »Astronautenkost«, einer flüssigen Nährlösung, ernährt werden mußte.
Jetzt war sie voll bettlägerig, aber da wir noch kein richtiges Krankenbett bekommen konnten, ist sie nachts, als sie austreten wollte, gefallen und hat sich den Oberschenkelhals gebrochen. Früher war das für die alten Leute so gut wie ein Todesurteil, denn durch das erzwungene Still-Liegen bekamen sie meistens eine Lungenentzündung und waren nach ein paar Tagen erlöst. Auch meine Mutter ist auf diese Weise im Alter von fast 90 Jahren gestorben. Heute wird in einem solchen Fall, einerlei wie alt oder krank ein Patient ist, eine Hüftoperation vorgenommen, indem man dem Patienten ein künstliches Hüftgelenk einpflanzt. So auch bei dieser Frau, die nur noch eine kurze Zeit zu leben hat und schwerlich noch wird aufstehen und gehen können, da sie viel zu schwach ist.
»Lieber wäre ich ja gestorben«, sagt sie nach ihrer Rückkehr aus dem Krankenhaus, »denn einmal wird es ja doch kommen, das Ende, wahrscheinlich schon ganz bald, anstatt der Krankenkasse für eine alte Frau wie ich es bin, noch solche Unkosten aufzubürden. (DM 15 000 kostet die Operation mit allem Drum und Dran.) Aber als sie mich um meine Einwilligung fragten und ich unterschreiben mußte, dachte ich bei mir: ›Die jungen Ärzte müssen diese Operation ja doch auch lernen, da ist es doch viel besser, sie machen ihre ersten Versuche an einer alten Frau wie mir, bei der es nicht so darauf ankommt, ob etwas schief geht oder der Patient stirbt.‹ So habe ich mich eben als ›Versuchskaninchen‹ betrachtet.«
Ich finde diese Einstellung großartig, wenn mir auch leise Zweifel an dieser Methode kommen.

Postscriptum: Die alte Frau hat noch einmal laufen gelernt und noch 7 Monate gelebt. Sie ist dann letztendlich doch an ihrem Krebsleiden und nicht an einer Lungenentzündung gestorben. Auch sie ist ein Mensch, den man nicht so leicht vergißt.

Zufriedenheit

Die Patientin, die ich heute besuche, ist noch nicht so alt wie die letzte, sie ist »erst« 82, also vom gleichen Jahrgang wie ich. Sie lebt im Hause ihres Sohnes mit der Schwiegertochter und zwei Enkelinnen zusammen.

Sie kommt gerade aus dem Krankenhaus, wo sie zu einer Radiojodbehandlung der Schilddrüse war. Schneeweiße Haare, so wie sie sich jeder alte Mensch wünscht. Aber sie geht ganz gebückt, und man sieht es ihr an, daß sie kein leichtes Leben gehabt haben muß. Wie es bei Arztbesuchen so geht, spricht der Kranke nicht nur über seine Beschwerden, sondern erzählt dem Doktor, wenn ein Vertrauensverhältnis besteht, manchmal auch etwas aus seinem Leben, vor allem dann, wenn er merkt, daß der es heute ausnahmsweise einmal nicht so eilig hat wie sonst meistens.

»Ich war nur ganz kurz verheiratet, als mein Mann als vermißt gemeldet wurde«, sagt sie, »in Rußland. Da wir im Krieg ja sowieso nicht zusammenleben konnten – mein Mann an der Front, ich hier – hatten meine Schwiegereltern uns vorgeschlagen, keine eigene Wohnung einzurichten, sondern mich zu sich auf den Bauernhof zu nehmen, wo ich und das Kind, das ich erwartete, zumindest ernährungsmäßig besser versorgt sein würden, als in der Stadt. Auch wurden ja viele Städter wegen der Bombenangriffe aufs Land evakuiert, warum sollte ich also nicht lieber zu ihnen als zu Fremden? Da ich ein gutes Verhältnis zu ihnen hatte, willigte ich gerne ein. Daß ich auf dem Hof mitarbeiten müßte, war mir ja klar, aber arbeiten hätte ich ja im Krieg überall müssen, warum also nicht auf dem elterlichen Bauernhof meines Mannes? Nur eines hatte ich nicht bedacht: Der Hof war mit Maschinen schlecht ausgestattet. Früher hatten da noch Knechte und Mägde mitgearbeitet, aber die gab es im Kriege ja nicht mehr. Mein Schwiegervater, ein herzensguter Mann, war noch ein Bauer vom alten Schlag: Er arbeitete noch mit Ochsen statt mit einem Traktor, was natürlich viel anstrengender und zeitraubender war, vor allem für eine verhältnismäßig kleine und zarte Frau wie mich. Oder besser gesagt: Es war eine heillose Schinderei. Oft habe ich mir überlegt, ob es nicht besser und leichter für mich wäre, mich als Arbeiterin in die Rüstungsindustrie verpflichten zu lassen. Aber ich konnte doch die Schwiegereltern, die so gut zu mir waren, nicht im Stich lassen und ihnen die ganze Schwerarbeit auf dem Hof zumuten. So haben wir uns denn durch die ganzen Kriegsjahre hindurchgeplagt. Mir wurde aber doch klar, daß dieser Hof keine Zukunft für meinen Buben wäre, denn er war zu klein, um eine Maschinenausstattung rentabel zu machen, und so, wie er jetzt betrieben wurde, hatte er als Existenzgrundlage überhaupt keine Zukunft. Ich ließ daher meine Schwiegereltern nicht im Zweifel darüber, daß ich für meinen Sohn andere Pläne hätte. Zum Glück waren sie einsichtig genug, so daß es deswegen keinen Unfrieden zwischen uns gab. Als mein Sohn alt genug war, schickte ich ihn in die benachbarte Kleinstadt aufs Gymnasium. Nach dem Abitur machte er eine Buchhändlerlehre, da Lesen schon immer eine Leidenschaft für ihn gewesen war.

Als meine Schwiegereltern gestorben waren und mein Sohn sich mit einem sehr lieben Mädchen verheiratet hatte, verkauften wir den Hof, mein Sohn kaufte sich vom dem Erlös ein Haus an einem Ort, der nicht weit von seiner Arbeitsstelle entfernt war, und ich zog zu ihnen.

So habe ich in meinem ganzen Leben niemals einen eigenen Haushalt gehabt, wie ich mir immer gewünscht hätte. Aber ich darf mich nicht beklagen, denn ich habe sowohl eine gute Schwiegermutter wie eine gute Schwiegertochter gehabt, und es hat mir nie an etwas gefehlt.«

Ich verabschiede mich, und als ich in meinen Wagen steige, geht es mir durch den Kopf, wie wenig das »Glück« doch von äußeren Umständen abhängt. Frieden haben mit seinen Mitmenschen, und zufrieden sein mit dem, was man hat, das macht das wahre Glück aus. Wieder einmal habe ich, wie schon so oft, etwas von meinen Patienten gelernt.

Zwei »Sünderinnen«

Eine alte Frau, 75 Jahre, erzählt nicht nur mir, sondern jedem, dem sie die Tür aufmacht, sie sei auf ewig verdammt, weil sie in ihrer Jugend ein Kind abgetrieben habe. Und dann fängt sie sofort an, bitterlich zu weinen. Da ich weiß, daß sie eine gläubige Christin ist, die nicht nur regelmäßig in die Kirche geht, sondern auch noch in die sogenannte »Stunde«, kann ich es nicht begreifen, wieso sie nicht an die Sündenvergebung glaubt. Vor jedem meiner Hausbesuche, die ich bei ihr mache, suche ich mir vorher eine Bibelstelle aus, die sich darauf bezieht.

»Sie sind doch eine gläubige Christin«, sage ich, »und Sie glauben, daß Jesus Christus für die Sünden der ganzen Welt gestorben ist?«

»Ja.«

»Und da meinen Sie, daß ausgerechnet Sie davon ausgenommen sind? Nur Sie allein von allen Menschen hat er nicht erlöst?«

»Ja, mir kann nicht vergeben werden, was ich getan habe.«

»Und was ist dann mit dem Wort in Johannes 3,16: ›Also hat Gott die Welt geliebt, daß er seinen eingeborenen Sohn gab, auf daß *alle*, die an ihn glauben, nicht verloren werden, sondern das ewige Leben haben. Denn Gott hat seinen Sohn nicht in die Welt gesandt, daß er die Welt richte, sondern daß die Welt durch ihn selig werde‹? Wenn es heißt *alle, dann gehören Sie* doch auch dazu, oder?«

»Aber meine Sünde ist zu groß, die kann nicht vergeben werden.«

»Und was steht dann in 1. Johannes 1,9? ›Wenn wir unsere Sünden bekennen, so ist er treu und gerecht, uns unsere Sünde zu vergeben und uns zu reinigen von allem Unrecht‹? Sie bekennen ja doch *Ihre* Sünde, also dürfen Sie auch an die Vergebung glauben.«

»Das gilt nicht für mich, ich bin verloren.«

»Und wie ist es mit 1. Johannes 2,1 und 2: ›Und wenn jemand sündigt, so haben wir einen Fürsprecher beim Vater, Jesus Christus, der gerecht ist. Und der ist die Versöhnung für unsere Sünden, nicht aber nur für die unseren, sondern für die der *ganzen Welt*‹. Gehören Sie da nicht auch dazu, wenn es heißt ›für die der ganzen Welt‹?«
Sie bricht in ein hemmungsloses Schluchzen aus und wiederholt nur immer wieder: »Ich bin auf ewig verdammt!«
Für diesmal gebe ich es auf, denn ich muß weiter, meine anderen Patienten warten.
Beim nächsten Besuch bringe ich ihr den letztzitierten Spruch in großen Druckbuchstaben mit, die ich mit dem Computer habe ausdrucken lassen und auf eine Papptafel geklebt habe, und sage ihr, sie solle ihn Tag und Nacht vor sich hinstellen, damit sie ihn immer vor Augen habe.
Bei ihr arbeitet eine junge Frau von der Nachbarschaftshilfe. Die hat ein frischfröhliches Wesen. Sie sieht aus wie ein junges Mädchen, und dabei hat sie schon vier Söhne, der älteste 15 Jahre. Sie kommt mit einem Landrover angefahren und geht regelmäßig zum Bodybuilding. Obwohl ihre Arbeit sich nur auf das Sauberhalten des Hauses erstreckt, nimmt sie die alte Frau mittags zu sich nach Hause zum Essen mit.
»Sie muß unter Leute«, meint sie, »daheim vergeht sie ja in ihrer Trübsal, so nehme ich sie halt mit zu uns, wo immer Leben in der Bude ist. Da vergißt sie ihren Jammer wenigstens für eine Weile.«
Ich denke so bei mir: »Diese junge Frau ist vielleicht nicht einmal eine gläubige Christin, aber sie hat das richtige Gespür dafür, was der alten Frau gut tut. Was *die* tut, hilft ihr sicher viel mehr als deine ganzen Bibelsprüche.«
Einmal habe ich auf einer Ärzteversammlung mit einer Psychiaterin, einer entschiedenen Christin, über diesen Fall gesprochen. Die sagte zu mir: »Es ist völlig sinnlos, dieser Art von Patienten mit Bibelsprüchen zu kommen. Die kennen die alle selber auswendig. Da helfen nur Psychopharmaka.«

Ich verordne ihr die vorgeschlagenen, aber da diese auch nichts helfen und der Patientin nur andere Beschwerden verursachen, gebe ich's auf und denke mir: Es wird wohl das Beste sein, ich mache es wie die junge Bodybuilderin und versuche sie aufzuheitern. So denke ich mir von jetzt an vor jedem Besuch eine heitere Geschichte aus, um sie wenigstens zu einem schwachen Lächeln zu bewegen.
Aber mir geht der Gedanke durch den Kopf, wie doch ein Mensch sich selber sein ganzes Leben verhunzen kann durch einen einzigen Fehltritt! Fünfzig Jahre, qualvolle Jahre, wegen eines Fehltrittes! Ob der Mensch mit seinem Gewissen nicht aber auch von seiner Umgebung und Erziehung geprägt sein kann?
Ich erinnere mich an eine andere Frau, eine Rußlanddeutsche, die zu mir in die Sprechstunde zur Krebsvorsorge kam. Beim Ausfüllen des Fragebogens hieß es: ›Wie viele Schwangerschaften?‹
Sie sagte: »Acht.«
»Einschließlich Fehlgeburten?«
»Was ist denn das?«
»Das heißt Schwangerschaften, die nicht ausgetragen wurden.«
»Ach so? Sie meinen auskratzen?«
»Ja.«
»Na, so zehn oder zwölf, so genau weiß ich das nicht mehr.«
Als ich sie daraufhin verwundert, ungläubig anschaue, meint sie ganz gelassen: »Ja, wissen Sie, Herr Doktor, bei unserer Wohnungsnot in Rußland waren 8 Kinder mehr als genug. Oder können Sie mir vielleicht sagen, wie ich es mit noch mehr Kindern in einer Zweizimmerwohnung hätte machen sollen? Da blieb einem doch gar nichts anderes übrig. Ich war halt so fruchtbar, was kann ich dafür? Ein schlechtes Gewissen habe ich deswegen nicht.«
Wer ist nun von beiden die größere Sünderin? Die eine, die nur eine, oder die andere, die zehn oder zwölf Abtreibungen

hat machen lassen? Ich will es Gott überlassen, das zu entscheiden, denn Jesus hat gesagt: »Wer unter euch ohne Sünde ist, der werfe den ersten Stein« (Johannes 8,7).
Froh bin ich aber, daß heutzutage keine junge Frau sich wegen einer unehelichen Schwangerschaft so sehr schämen muß, daß sie es nötig hat, abtreiben zu lassen. Da mag man über den Niedergang der Moral sagen, was man will, in diesem Punkt ist es heute besser als früher, weil ehrlicher.

Die Küchensprechstunde

Was das ist, wollen Sie wissen?
Nun, meistens spielen sich die Hausbesuche in der Küche ab, aus dem einfachen Grund, weil man am Küchentisch besser schreiben kann (Rezepte, Karteieintragungen) als in der »guten Stube«, wo die Couchtischchen so niedrig sind, daß es kaum möglich ist, zu schreiben.
Wenn in der Nachbarschaft ein paar Leute wohnen, die nicht »hausbesuchswürdig« sind, also weder alt noch krank genug, um einen Hausbesuch zu rechtfertigen, die aber trotzdem Mühe hätten, zu mir ins Nachbardorf in die Sprechstunde zu kommen, dann versammeln sie sich bei demjenigen, den ich besuche. Sie warten dort, bis ich komme und halten einen kleinen Nachbarschaftsschwatz.
Natürlich kann ich nur *einem* den Hausbesuch anrechnen, die anderen werden so eingestuft, als ob sie zu mir in die Sprechstunde gekommen wären. Daher der Name Küchensprechstunde. Dies ist hier seit Menschengedenken Brauch, ich habe ihn vor 30 Jahren von meinem Vorgänger übernommen und seither beibehalten.
Hat einer von den Nachbarn etwas, wofür er sich zur Untersuchung ausziehen muß, dann gehen wir nebenan ins Wohn- oder Schlafzimmer, das geht alles ganz leger zu.
Zuerst nehme ich also die Nachbarn dran, damit sie wieder heimkönnen, denn manchmal haben sie schon über eine

Stunde gewartet. Dann nehme ich mir die beiden alten Leute vor. Die Frau, 89 Jahre alt, ist fast blind, und taub obendrein, so daß die Verständigung äußerst schwierig ist. Sie leidet schon seit vielen Jahren an einer Depression, die sich natürlich infolge ihrer Blind- und Taubheit noch erheblich verschlechtert hat. Hinzugekommen sind im Laufe der Jahre eine chronische Bronchitis, ein Altersdiabetes, eine Herzinsuffizienz und ein Bluthochdruck. Jedesmal, wenn ich komme, weint sie mir vor: »Ach, wenn ich doch nur sterben könnte! Ich hab so genug!« Aber trotzdem will sie treu und brav ihre Medikamente verschrieben haben, die sie ja im Grunde genommen nicht gesund machen können, sondern nur ihre Qualen verlängern. Der Ehemann, 92 Jahre alt, ist da ganz anders. Zwar ist auch er alt und hinfällig, aber er jammert nicht, sondern wartet geduldig und gottergeben auf sein Ende und nimmt auch keine Arznei ein, außer gelegentlich ein paar Schmerztropfen. Versorgt sind die beiden alten Leute bestens. Morgens kommt ein »Zivi«, wie man die Wehrersatzdienstleistenden der Einfachheit halber nennt, macht ihnen das Frühstück und spült das Geschirr, putzt anschließend die Wohnung sauber und wäscht die Wäsche. Es sind freundliche Burschen, fast immer mit langen Haaren wie ein Markenzeichen, sie muntern die beiden Alten auf, immer heiter und vergnügt, ich habe meine helle Freude an ihnen. Sie wollen, daß man sie mit Du und mit dem Vornamen anredet, das ist anscheinend üblich bei ihnen. Dann kommt die Gemeindeschwester und macht die pflegerischen Verrichtungen: Waschen oder baden, Betten machen, wenn nötig Verbände wechseln, Arzneien eingeben bzw. spritzen. Seit es die Sozialstationen gibt, bei denen die Schwestern bzw. Pfleger im Schichtdienst arbeiten, ist die Pflege auch an Wochenenden gewährleistet, was besonders bei *den* Patienten wichtig ist, die täglich ihre Spritze brauchen, wie z. B. bei den Diabetikern.

Das Mittagessen bekommen sie »auf Rädern«, es wird auf Wunsch entweder täglich frisch und heiß gebracht, so daß man es sofort essen kann, oder aber als Tiefkühlkost für eine ganze Woche, so daß es sich die alten Leute im Mikrowellenherd selber warm machen können. Meine beiden Patienten wären dazu nicht mehr in der Lage, sie bekommen es täglich frisch und heiß.

Dieses Ehepaar hat fünf Kinder, vier Töchter und einen Sohn, der verwitwet ist und sich selber versorgen muß, er wohnt am Ort, während die vier Töchter alle auswärts verheiratet sind, in mehr oder weniger großer Entfernung. Drei sind noch berufstätig, während die Älteste schon im Rentenalter ist. An ihr ist es, sich um die alten Eltern zu kümmern, der Sohn schaut nur alle Tage kurz herein, bevor er zur Arbeit geht.

Bei der Überalterung in unserem Volk – eine fragwürdige Errungenschaft der medizinischen Wissenschaft, finde ich – findet man es häufig, daß schon zwei Generationen Rentner sind in *einer* Familie. Während sich nun die zweite Generation auf ihren Ruhestand gefreut hat, wo sie endlich einmal, los und ledig aller Pflichten, tun und lassen kann, was sie will, reisen, ihre Freizeit den Hobbies widmen, muß sie sich nun um die ganz Alten kümmern. Sind diese vernünftig und dankbar, dann geht es gut. Aber wenn die Alten keinerlei Einsicht zeigen und ihre Kinder anstatt mit Dank mit Vorwürfen begrüßen, dann gibt es dicke Luft. Kommt die Urlaubszeit heran und die jüngere Rentnergeneration möchte verreisen, dann hört man oft: »Was? Ihr wollt wegfahren und uns ganz allein lassen? Und was ist, wenn uns etwas passiert? *Das* könnt ihr uns doch nicht antun!«

»Es ist für alles gesorgt; ihr geht auch in Urlaub, wir haben schon einen Platz in einem wunderschönen Altenheim für euch reservieren lassen, da wird es euch gefallen.«

»So, also *abgeschoben* sollen wir werden? Das könnte euch so passen! Wer hat denn *uns* gefragt, als ihr klein wart, ob wir in Urlaub fahren können? Zu so etwas hätten wir gar kein Geld gehabt. Nein, wir *gehen* nicht fort, wir wollen in kein Altenheim!«

»Aber es ist doch nur für drei Wochen, und es ist wirklich wunderschön, wir können ja einmal mit euch hinfahren, damit ihr es euch ansehen könnt.«

»Nichts da, wir gehen nicht!«

Nun geht die Streiterei unter den Geschwistern los: »Wir kümmern uns das ganze Jahr um die Eltern, jetzt ist die Reihe an euch!«

»Was? Wir arbeiten ja noch, wir brauchen unseren Urlaub! Ihr seid Rentner, ihr tut doch nichts mehr, wovon wollt ihr euch denn erholen?«

Was ich da geschildert habe, ist kein Einzelfall, ich erlebe es bei meinen Hausbesuchen oft.

Es geht alles wunderbar, wenn die Alten nicht so stur sind.

Ich kenne auch solche, die sagen: »Ganz klar, daß die Jungen auch einmal ausspannen müssen. Wenn ich ins Heim fahre, dann denke ich mir: Das ist jetzt *dein* Urlaub, in drei oder vier Wochen bist du wieder daheim in deinen vier Wänden!«

Schließlich läuft es bei sturen Alten darauf hinaus, daß sie für immer ins Altenheim müssen, und da gibt es dann einen tränenreichen Abschied von den Nachbarn, die unter sich tuscheln: »Die armen Alten! *Ich* brächte das nicht übers Herz, meine Eltern auf ihre alten Tage noch abzuschieben.«

Aber ich, als neutraler Beobachter, selber schon 82 Jahre alt, muß sagen, daß die Schuld an solchem Verhalten meistens an den Alten selber liegt. *Muß* man denn bis ans Lebensende meinen, seinen Willen durchzusetzen? *Kann* man sich nicht in unvermeidliche Dinge schicken? Kann man seinen Jungen nicht zugestehen, daß sie auch ein Recht auf ihr eigenes Leben haben?

Ich nehme mir vor, es einmal besser zu machen, wenn ich hilfsbedürftig werden sollte.

Das Perpetuum mobile

Während der 30 Jahre der DDR-Zeit luden wir uns Jahr für Jahr Leute von »driem« (drüben) ein, meistens waren es Schulkameraden meiner Frau, die ja aus dem Erzgebirge ist. Natürlich waren schon alle im Rentenalter, sonst hätten sie ja gar nicht in den Westen fahren dürfen. Bei den Rentnern war die DDR-Regierung nur zu froh, wenn einer von ihnen nicht zurückkam, denn dann sparte sie schon die Rente. Hier bekam jeder auf dem Rathaus DM 100. Einmal hatten wir auch so einen Alten von drüben zu Besuch. Er war der Hausmeister des Krankenhauses gewesen, in dem eine Freundin meiner Frau Oberschwester gewesen war. Diese hatte bei uns angefragt, ob wir ihn nicht einmal einladen würden, denn er habe gar keine Verwandten oder Freunde im Westen, und er wolle doch so gerne auch einmal dieses Wunderland kennenlernen, in dem die Läden alle voll waren und wo man alles, aber auch alles kaufen konnte, was das Herz begehrt.

Dieser Mann nun, etwa 75 Jahre alt und gelernter Schlosser, behauptete, eine Entdeckung (nicht Erfindung!) gemacht zu haben, ein Naturgesetz, wie man Energie in jeder beliebigen Menge gewinnen könne ohne jeglichen Rohstoff, und zwar an jedem beliebigen Platz der Erde. Mit Sonnenlicht? Nein. Mit Wasser? Nein! Mit Wind? Nein. Atomspaltung? Nein!! das erst recht nicht. Erdwärme? Nein. Ja, was gibt es denn sonst noch?

»Das ist ja eben meine Entdeckung, die ich natürlich nicht preisgeben werde ohne vorherige Absicherung«, sagte er. »Ich gebe sie nur an die höchste Regierungsstelle, an den Bundeskanzler oder Bundespräsidenten, wenn sie es mir *vorher* schriftlich geben, daß ich in den Westen darf, wo mir eine Wohnmöglichkeit, eine monatliche Rente und die Beteiligung am Gewinn zugesichert wird.«

»Mensch, Albert«, sagte ich zu ihm, »was du da entdeckt hast, das wäre ja das Perpetuum mobile! Und das haben die Menschen schon seit urdenklichen Zeiten entdecken wollen,

aber niemals ist es einem geglückt. Und du willst es jetzt entdeckt haben?«
»Ja, und zwar habe ichs im Kleinen ausprobiert und kann es mit einer ganz einfachen Apparatur *beweisen*!«
Nun, aber wie sollten wir denn an die »Höchste Regierungsstelle« kommen? Für normale Sterbliche wie wir ein Ding der Unmöglichkeit. Ich erkundigte mich also, wo der Umweltbeauftragte der Regierung von Baden-Württemberg wohne, ließ mir telefonisch einen Termin geben und fuhr mit unserem Albert hin.
Als wir von der Vorzimmerdame angemeldet waren und eine entsprechend lange Zeit »antichambriert« hatten, wurden wir vorgelassen.
»Dieser Herr«, sagte ich zu dem Staatsbeamten, »glaubt eine Entdeckung gemacht zu haben, wie man Energie in unbegrenzter Menge ohne Rohstoffe und völlig umweltfreundlich gewinnen kann.«
»Sehr interessant«, meinte er, »und worum handelt es sich denn?«
»Nu, das wer'ch Ihnen nadierlich nich verraten«, gab Albert zur Antwort, »denn wer gibt mir denn die Garantie, daß ich nachher nich der Dumme bin und leer ausgehe?«
»Ja, wie denken Sie sich denn, daß ich mich mit einer Sache befassen kann, wenn ich überhaupt nicht weiß, worum es sich handelt?«
»Bevor ich etwas preisgebe, will ich eine schriftliche Garantie, daß meine Bedingungen erfüllt werden, und zwar will ich die Garantie von der höchsten Regierungsstelle.«
»Mein guter Mann, wie kann ich denn irgend etwas für Sie tun, wenn ich keine blasse Ahnung habe von dem wie und was? Nein, es tut mir leid, wenn Sie nur solche vagen Andeutungen machen wollen, dann muß ich unsere Unterredung als beendet betrachten. Auf Wiedersehen, meine Herren.«
Wieder draußen im Auto, meinte Albert höhnisch: »Das könnte dem Kerl so passen, mir die Würmer aus der Nase zu ziehen und nachher selber den Ruhm und Profit einzuheim-

sen! Nee, nee, mei Lieber, mit *mir* kenn'se das nich machen, mit mir nich. Da missn'se schon frieher aufsteh'n!«

Aber da er durchaus keine Ruhe gab, wollten wir es noch einmal anderswo probieren.

»Wie wär's denn mit Franz Josef Strauß?« meinte Albert, »der dud doch so viel für die DDR, wenn der hört, daß'ch von driem komme, läßt der mich bestimmt vor.«

Also telefonierte ich an das Sekretariat von Franz Josef, erklärte der Sekretärin, wir bäten um einen Audienztermin in einer Angelegenheit von allergrößter Wichtigkeit, nämlich um eine umweltfreundliche Energiequelle, die ein DDR-Bürger, zur Zeit hier im Westen auf Urlaub, entdeckt habe bzw. entdeckt zu haben glaubte.

Die Dame horchte auf, als sie etwas von umweltfreundlicher Energiequelle hörte, und gab uns kurzfristig einen Termin – nur eine Woche Wartezeit –, denn ich hatte ihr klargemacht, daß der Entdecker aus der DDR nur eine befristete Aufenthaltsgenehmigung habe. Albert rieb sich die Hände: »Nu komm ich an den Richt'chen. Nu wird's klappen, das sollste mal seh'n.«

Jetzt hieß es aber, nach München zu fahren, und das sind von uns über 300 km, denn wir wohnen in einem Dorf 20 km von Karlsruhe entfernt. Er muß einen Zug um 6 Uhr früh nehmen, um rechtzeitig um 11 Uhr, dem vereinbarten Audienztermin, dort zu sein. So bringe ich ihn also vor der Sprechstunde mit dem Auto auf den Bahnhof, da so früh natürlich weder Bus noch Kleinbahn fahren.

Albert ist enttäuscht: »Ich dachte mir, der Franz Josef schickt mir einen Chauffeur mit dem Mercedes und läßt mich abholen.«

Ich kaufe ihm also eine Fahrkarte für hin und zurück, bezahle sie natürlich auch, da er seine 100 DM, welche die DDR-Besucher vom Bürgermeisteramt ausbezahlt bekommen, in München schon wird brauchen können. Ich sage ihm, er solle sich in München gleich am Bahnhof ein Taxi nehmen, damit er nicht noch lange herumsuchen muß, und gebe ihm noch etwas Taschengeld mit, und da läuft auch schon der Zug ein.

»Lieber wär'sch mer ja gewäsn, du wärscht mitgefahren«, sagt er, »denn alleene komm ich mer doch ä bissl verlor'n vor in där fremdn Stadt.« Aber ich habe ja Sprechstunde, die Praxis läuft auf vollen Touren, da kann ich nicht weg.

»Du wirst es schon schaffen«, sage ich, »so ein großer Entdecker wie du!«

»Ja, ja, mach' dich nur iewer mich lustich, du wirst schon noch säh'n, wie de Welt sich verändert, wenn meine Entdekkung sich verwirklicht!«

Der Zug fährt ab, ich winke und schreie noch »Machs gut« und er schreit: »Machs dufte!«

Bei uns daheim sind natürlich alle schon mächtig gespannt, wie die Sache ausgeht, die Familie sowohl wie auch das Praxispersonal. Aber als ich ihn abends am Bahnhof abhole, kommt mein Albert mit einem langen Gesicht.

»Was ist denn los, Menschenskind, hat's nicht geklappt?«

»Nee, weste, wie ich mich da aufm Sekretariat melde, werde ich zu so'nem ›Referent für Umweltfragen‹ geschickt.

›Was soll denn das?‹ sage ich, ich hab doch eenen Termin beim Strauß perseenlich!‹

›Ja, wissen Sie‹, sagt die Sekretärin, ›das ist immer so, bevor der Herr Ministerpräsident jemanden empfängt, muß noch geprüft werden, um was es sich da handelt. Sie können da ganz ruhig sein, dieser Herr ist ein studierter Mann, ein Fachmann auf dem Gebiet. Er ist Ministerialrat und Doktor, ein ganz kompetenter Mann. Er wird Sie anhören, und wenn ihm Ihr Projekt einleuchtet, wird er mit Ihnen zusammen zum Herrn Ministerpräsidenten gehen, dann können Sie es ihm selber vortragen.‹

›Gar nischt trage ich ihm vor‹, sage ich zu ihr, ›entweder ich komme *direkt* zum Strauß, oder ich fahre wieder heim.‹

Da kommt doch, während ich ihr das sage, dieser sogenannte Referent herein, sieht mich und fragt die Sekretärin: ›Was will denn dieser Herr?‹

›Der Herr ist von der DDR und sagt, er habe eine Entdekkung zur umweltfreundlichen Energiegewinnung gemacht, er will sie aber nur dem Herrn Ministerpräsidenten persönlich vortragen. Ich sagte ihm, daß er zuerst zu Ihnen müsse, damit Sie überprüfen könnten, ob die Sache es wert wäre.‹
Sagt doch dieser Referent zu mir: ›Na, nun sagen Sie schon, um was dreht es sich denn?‹
›Ich habe ein Naturgesetz entdeckt, wie man Energie in jeder beliebigen Menge und an jedem Platz der Erde völlig umweltfreundlich erzeugen kann.‹
›Ach, das ist ja interessant‹, sagt er, ›und wie geht das vor sich?‹
›Das isses ja eben‹, sage ich, ›das verrate ich nur an allerhöchster Stelle, und das auch nur, nachdem ich meine schriftliche Garantie habe, in den Westen kommen zu dürfen, eine Wohnung zu bekommen und am Gewinn beteiligt zu wer'n.‹
›Dann tut es mir leid, aber so kommen wir nicht weiter, guter Mann. Entweder Sie sagen mir wenigstens in groben Zügen, worum es geht, oder unsere Unterredung ist hiermit beendet.‹
›Na, dann is se ähmt beendet‹, sage ich. ›Guden Dach, meine Herrschaften.‹ Un da bin ich mit dem Taxi zum Bahnhof gefahren und hab mich in den nächsten Zug nach Karlsruhe gesetzt. Un nu bin'ch wieder hier.«
»Mensch, Albert, und du hast dir nicht einmal München ein bißchen angesehen, wo du einmal da warst?«
»Nee, ich hab mich so geärgert, daß mich iewerhaupt nischt mehr interessiert hat. Da gebn die eenem en Audienztermin zum Ministerpräsidenten, un da soll mer sich da von so eenem subalternen Schreiberling abfert'chen lassen. Das kenn se mit mir nich machen, mit *mir* nich!«
So war also der zweite Versuch auch gescheitert. Aber Albert gab nicht auf. »Was meenste denn, wenn mers noch emal probiern beim Lothar Späth? Der soll doch so aufgeschlossen sein für neie Erfindungen, sacht man.«

Für dieses Jahr war es aber schon zu spät, seine Aufenthaltsgenehmigung war abgelaufen. Im nächsten Jahr also.
Der Herbst kam, Albert auch. Wie im vorigen Jahr mit München, so probierten wir es dieses Jahr mit Stuttgart. Aber auch da spielte sich alles genau so ab wie dort, und Alberts Enttäuschung war grenzenlos. »Jetzt wollte ich meine Entdeckung dem Westen zukommen lassen, weil ich nämlich für'n Kommunismus nischt iebrig habe. Aber wenn hier gar keener anbeißen will, dann kriecht se äbn doch der Eärich (Erich Honecker). Den kann ich zwar nich leiden, aber wenn hier bei eich keener was wissen will, bleibt mer ja nischt andres iebrig.«
Mittlerweile war ich natürlich auch neugierig geworden, dieses Perpetuum mobile kennenzulernen, oder doch zumindest eine Ahnung zu haben, wie es funktionieren sollte.
»Hör mal, Albert«, sagte ich zu ihm, »wir sind doch beide zwei alte Männer. Wenn deine Entdeckung wirklich so weltbewegend ist, dann kannst du es doch der Menschheit gegenüber gar nicht verantworten, sie mit ins Grab zu nehmen. Das wäre doch geradezu ein Verbrechen. Warum gibst du sie nicht in einem verschlossenen Umschlag einem deiner Kinder, vielleicht können die einmal etwas damit anfangen. So quasi als Erbe, verstehst du? Wir vererben doch unser Vermögen auch an die Kinder, warum denn nicht auch das geistige Erbe?«
»Nee, die kriechens nich, die habn mich bloß immer ausgelacht. *Wenn* ichs wo lasse, dann bei dir, du bist ja ooch schon alt, un wenn ich vor dir sterben sollte, dann machst 'n Umschlag uff und guckst dirs an. Du wirst sähn, es is alles so kinderleicht, daß es eenen grad wundert, warum bis jetzt noch keener drufgekommen is. Ihr seid immer so gut zu mir gewäsn, deine Erika hat mich verwöhnt wie ä Ferscht (Fürst) jedes Jahr, wenn ich zu eich gekommn bin. Da sollt ihr auch dafür belohnt werden. Wenn ichs nämlich bei mir ze Hause uffhebe, dann kommt's nach meim Tod doch an die DDR-Regierung, un denen gönn ich's nich!«

»Lieber wäre es mir schon, wenn du mir schon jetzt wenigstens andeutungsweise sagen würdest, um was es da geht. Von mir wirst du ja hoffentlich nicht annehmen, daß ich dich behumse und es für mich ausbeute.«
Aber da biß ich auf Granit. Nichts zu machen. Wir verwahrten seinen Umschlag so lange, bis die Wende kam, dann schrieben wir ihm, er könne jetzt kommen und ihn abholen. Da wir bis jetzt noch immer Atommeiler brauchen, scheint seine Entdeckung noch immer unbekannt zu sein.

So blöde sind wir Mediziner

Als ich nach Kriegsende in Gefangenschaft kam, war in unserem Camp auch ein alter italienischer Professor, der einzige Nicht-Deutsche im ganzen Lager. Das kam daher, daß er auch dann, als Italien sich von uns losgesagt hatte und zu den Alliierten übergewechselt war, sich offen zu den Deutschen bekannt hatte. So war er auch als einziger Italiener in Gefangenschaft gekommen und nicht wie seine Landsleute freigelassen worden.
Er war ein außergewöhnlicher Mann: Nicht nur ein Wissenschaftler von hohem Rang, sondern auch ein Unikum, der mit seinen Späßen das ganze Lager zum Lachen brachte und unsere trübselige Stimmung aufhellte.
Aussehen tat er wie der Professor aus dem Bilderbuch: Weiße Haare, weißer Spitzbart, goldgeränderte Brille, gekrümmter Rücken. Er sprach fließend sieben Sprachen: Italienisch, Spanisch, Portugiesisch, Französisch, Englisch, Deutsch und Russisch. Alle natürlich mit einem gewissen unverkennbaren italienischen Akzent. Er erzählte uns, daß er aus einer kosmopolitischen Familie stamme, seine Eltern und vier Großeltern alle verschiedenen Nationen angehört hätten und daß man in seinem Elternhaus grundsätzlich an jedem Tag der Woche eine andere Sprache gesprochen habe, darauf hätten seine Eltern strikt geachtet. Er sei nach fünf Mädchen als ein-

ziger Junge geboren und aus diesem Grunde natürlich fürchterlich verwöhnt worden. Nachdem seine Eltern gestorben waren, hatten seine fünf Schwestern nicht geheiratet, sondern ihre Lebensaufgabe darin gesehen, ihn zu versorgen, zu hegen und zu pflegen. Und er habe sich nach seinem Studium ganz und gar der Wissenschaft verschrieben und daher gar nie ans Heiraten gedacht, zumal er ja von seinen Schwestern bestens versorgt worden sei. Was den Sex betroffen habe, so habe man ja dafür nicht unbedingt heiraten müssen, nicht wahr? Und wenn er jemals einer Frau begegnet sei, die fürs Heiraten in Frage gekommen wäre, so habe er das seinen Schwestern nicht antun wollen, genau so wie er keiner Frau habe zumuten wollen, in so einen Haushalt hineinzuheiraten.
Die Jahre vergingen, die Schwestern wurden alt und starben nacheinander, er blieb allein zurück. Jetzt vermißte er doch, nicht umsorgt und verwöhnt zu werden. Aber wenn er darüber nachgedacht habe, ob es sich noch lohne, zu heiraten, habe er sich gesagt: »Was, wenn du dann auf deine alten Tage noch Vater würdest?«
So habe er den Gedanken schließlich aufgegeben und sich damit abgefunden, als Hagestolz zu sterben, bis – ja, bis eines Tages eine junge Frauensperson in seine Klinik gekommen sei, die so umwerfend schön gewesen sei, und nicht nur schön, sondern auch liebenswert, gebildet und aus gutem Hause, kurz mit allen Vorzügen ausgestattet, um sich in sie verlieben zu müssen. Und er *habe* sich verliebt, wie noch nie in seinem Leben. Und was noch am allermerkwürdigsten war, das junge Mädchen habe sich auch in ihn, den alten, über sechzigjährigen Mann, verliebt! Nun war guter Rat teuer. Er habe ja durchaus keinen Nachwuchs mehr gewollt bei seinem Alter, aber *die* Italienerin gebe es nicht, die keine Kinder wollte. Was tun?
Die junge Frau war zu einer Unterleibsoperation in seine Klinik eingewiesen worden, und er operierte sie. Als der Bauch offen war, stellte sich heraus, daß das Fräulein einen infantilen Uterus (kindliche Gebärmutter) hatte.

»Nun waren meine Probleme gelöst«, erzählte er. »Bei dem infantilen Uterus kriegt die nie Kinder, aber das brauche ich ihr ja nicht vorher zu sagen, sie wird es dann schon selber merken. Also machte ich ihr, nachdem sie gesund war und entlassen werden konnte, einen Heiratsantrag, der auch freudig angenommen wurde.

Ich war selig und verliebt wie ein Jüngling von 25 Jahren. Unsere Ehe war ein voller Erfolg trotz des großen Altersunterschiedes. Nur wurde meine Frau von Monat zu Monat trauriger, wenn ihre Tage kamen und sich wieder keine Schwangerschaft abzeichnete. Natürlich sagte ich ihr nichts von ihrem infantilen Uterus, sondern tröstete sie von Mal zu Mal. Bis sie mir eines Tages strahlend verkündete, es habe geklappt.

Was hat geklappt? fragte ich.

›Ich krieg ein Kind!‹ jubelte sie.

›Da kannst du lange warten‹, dachte ich bei mir, ›das kann ja gar nicht sein.‹ Aber die Monate vergingen, ihr Bauch wurde dicker, ich dachte mir, es sei eine ›graviditas hysterica‹ (eingebildete Schwangerschaft, wobei der Bauch infolge des übergroßen Kinderwunsches anschwillt, als ob er wirklich schwanger sei).

Aber zuletzt mußte ich einsehen, daß sie wirklich und wahrhaftig ein Kind bekam. Der infantile Uterus hatte sich durch die Heirat und den regelmäßigen Verkehr entwickelt und so war die Schwangerschaft eingetreten.

Und so meine Härren, bin ich alter Kraacher mit fast siebzig Jahren noch Papa geworden! So bläde sind wir Mediziner!« sagte er.

Ein lieber alter Mann

Seine Frau ist vor Jahren gestorben. Seither lebt er bei der Familie seiner Tochter, so wie diese Familie bei ihm im Haus gewohnt hat, bis sie sich, gleich daneben auf dem Grund-

stück, ein größeres, schöneres bauen konnte. Der Schwiegersohn hat mit den beiden halbwüchsigen Söhnen fast alle Arbeiten am Bau selber gemacht, daher ist es viel nobler ausgefallen, als es der Geldbeutel der Familie erlaubt hätte.
Die beiden Enkelsöhne des alten Mannes sind so etwas Positives, daß es einem das Herz erfreut. Sie sind nicht nur sauber und anständig, sondern auch stattlich und sportgestählt, dazu überaus hilfsbereit und obendrein auch noch fleißig. Nicht nur, daß sie zu Hause ohne Murren den Garten besorgen, alle Arbeit, die ihnen aufgetragen wird, gerne tun, nein, sie gehen auch noch zu anderen alten Leuten, die ihnen ihr Pfarrer nennt, um denen zu helfen, indem sie Besorgungen machen, Holz spalten, den Garten umgraben und was es sonst noch gibt an kleinen oder größeren Liebesdiensten, und das alles ohne Bezahlung! Der ältere der beiden ist in der Kirche der Leiter der Jungschar und verbringt jeden Urlaub mit Ferienreisen mit seiner Jugendgruppe in Spanien, Italien oder anderswo.
Der jüngere ist ein begeisterter Gleitschirmflieger und verbringt seine Urlaube auf diese Weise. Immer, wenn ich diese beiden Burschen sehe, geht mir das Herz auf, und ich denke, warum hört man denn über die »heutige Jugend« nur Schlechtes, so als ob alle Verbrecher wären oder verrucht und verdorben, drogenabhängig oder was noch alles. Ich *muß* daher auch einmal etwas Positives schreiben über die »heutige Jugend«.
Mein Patient, der Großvater, war früher neben seinem Beruf als Goldschmied noch Obstbaumzüchter gewesen wie viele in diesem Dorf, dessen Gemarkung der reinste Garten Eden ist. Kein Wunder, daß das bekannte Volkslied »Im schönsten Wiesengrunde« hier entstanden ist! Noch als er längst im Rentenalter war, hat er seinen großen Obstgarten selber besorgt. Seine Spezialität waren Sauerkirschen, die er an Konditoreien verkaufte, die daraus die weltberühmte Schwarzwälder Kirschtorte herstellten. Auch alles Gemüse, das die Familie brauchte, zog er selber im eigenen Garten, bis sein

Herzzustand es nicht mehr erlaubte. Jetzt war er »zur Untätigkeit verdammt«, wie er es nannte, und das führte bei ihm zu einer Depression, zumal er auch noch sehr schwerhörig geworden war und sich trotz Hörgerät kaum noch mit jemandem unterhalten konnte. Bei jedem Besuch versuchte ich ihm klarzumachen, wofür er noch dankbar sein könne: für seine harmonische Familie, für seine beiden prächtigen Enkelsöhne; dafür, daß er noch alle Tage aufstehen könne und keine Pflege brauche. Das gibt er mir dann auch zu, und er ist zufrieden.

Postskriptum:

Der liebe alte Mann ist nun schon lange heimgegangen. Inzwischen bin ich selber fast 85 Jahre alt geworden, und ich komme mir manchmal vor wie ein Kerzenstummel, der nur noch etwas flackert vor dem Erlöschen. Jetzt muß ich mir selber das vorhalten, was ich so vielen alten Patienten früher gesagt habe: Sieh zu, wofür du noch dankbar sein kannst!

Ende gut, alles gut

Eine junge Frau mußte nach kurzer Ehe plötzlich, ganz ohne Vorwarnung, wegen einer Nervenerkrankung in stationäre Behandlung eingewiesen werden. Dort wurde sie nach mehrmonatiger Behandlung so weit gebessert, daß wir sie unter entsprechender Medikation zu Hause weiterbehandeln konnten.

Der Ehemann hatte sich aber in der Zwischenzeit eine andere angelacht und die Scheidung eingereicht. Bei der Scheidung wurde das Kind, erst fünf Jahre alt, vom Gericht dem Vater zugesprochen, da man meinte, es sei bei dem Vater besser aufgehoben. Das wäre vielleicht auch so gewesen, wenn die Stiefmutter es gern gehabt hätte, was aber nicht der Fall war. Jedesmal, wenn das Mädel an jedem zweiten Wochenende zur Mutter gebracht wurde und der Vater kam, um es abzuholen, gab es herzzerreißende Szenen, und das

Mädel schluchzte: »Ich will bei der Mama bleiben, ich will bei der Mama bleiben«! Und der Mutter brach schier das Herz. Gerne hätte sie sich wieder verheiratet, sie war ja noch jung und sah hübsch aus – aber wo einen Partner finden? Manchmal ging sie mit einer Freundin irgendwohin zum Tanzen, wo sie Männer kennenlernte. Aber jedesmal, wenn es zu einer näheren Bekanntschaft kam, sagte sie dem betreffenden Partner, was mit ihr los sei, worauf jeder sich sofort zurückzog. Wieder eine Enttäuschung! Unterhalt zahlte der Ex-Mann nur für das Kind; sie selber mußte sich ihren Unterhalt verdienen. Sie nahm eine Heimarbeit an, wie bei uns in der Schmuckindustrie üblich, und diese wurde nur im Akkord bezahlt. Da sie aber unter Dauermedikation mit Psychopharmaka stand, war ihr Reaktionsvermögen so verlangsamt, daß sie den Akkord, zu dem ein gesunder Mensch acht Stunden benötigt, nur in zwölf Stunden bewältigen konnte. Nur wer schon einmal solche winzig kleinen Federringchen für Halsketten eingefädelt hat, kann ermessen, was das heißt. Ein gesunder Mensch kann da schon in acht Stunden wahnsinnig werden, und nun erst ein Kranker, der unter Dauermedikation steht und zwölf Stunden am Tag diese pingelige Arbeit verrichtet, die dazu noch nicht einmal gut bezahlt wird! Es war unmenschlich, und ich konnte es fast nicht mit ansehen. Nach ein paar Jahren war sie so fix und fertig, daß wir einen Rentenantrag stellen mußten. Der wurde zwar anstandslos bewilligt, aber da sie ja nur wenige Jahre gearbeitet hatte, fiel die Rente so klein aus, daß es nicht zum Leben und nicht zum Sterben reichte. Zum Glück erlaubte man ihr, die gleiche Arbeit weiter auszuführen, und da sie nun nicht mehr so unter Zeitdruck stand, war es erträglicher für sie.

Und nun war das Mädel, ihre Tochter, mittlerweile 16 Jahre alt geworden. Sie durfte nach dem Gesetz selber bestimmen, zu welchem Elternteil sie wollte, und sie wählte die Mutter. Die hatte eine hübsche Dreizimmerwohnung, die Miete war erschwinglich, und so war sie selig, ihre geliebte Tochter nun bei sich haben zu dürfen. Leider stellte sich nur allzubald heraus, was der Grund des Wechsels vom Vater zur Mutter war: Sie glaubte da größere Narrenfreiheit zu haben, weil sie wohl wußte, die Mutter würde nie die Energie aufbringen, ihr etwas zu verbieten. Sie brachte im Wechsel Mannsbilder mit nach Hause, meist arbeitsscheue Burschen, die bei ihr unterschlupften, um hier billig wohnen und essen zu können. Die schämten sich nicht, sich von der kranken Mutter durchfüttern zu lassen, zahlten weder Miete noch Verpflegung. Die Tochter hielt es bei keiner Lehre aus, oder besser gesagt, sie flog überall raus, weil sie zu spät zur Arbeit kam oder den Dienst ganz schwänzte. So hatte sie weder einen Beruf, noch eine reguläre Arbeit als Hilfsarbeiterin, bei der sie wenigstens alters- und krankenversichert gewesen wäre. Sie nahm nur Gelegenheitsjobs an, und wenn sie keine Lust mehr hatte, hörte sie einfach auf. Die Mutter mußte sie also als Familienmitglied mitversichern, und das bei ihrem kleinen Einkommen! Mir ging jedesmal, wenn sie es mir flüsternd erzählte – nebenan schlief ja das junge Pärchen noch, um 10 Uhr! – der Hut hoch, und ich sagte zu ihr: »Warum schmeißen Sie denn die beiden nicht raus, oder zumindest den Kerl?«

»Weil ich Angst habe, daß meine Tochter dann vollends unter die Räder kommt, womöglich auf den Strich geht oder Drogen nimmt!« Schließlich hatte die Tochter einen dauerhaften Freund gefunden, ausgerechnet einen Seiltänzer und Feuerschlucker! Er war aber nicht etwa ein Zirkusartist, sondern zog auf Jahrmärkten herum, spannte sein Seil auf, und nach der Vorstellung mußte seine Freundin herumgehen und von den Zuschauern Geld einsammeln. Nebenbei verkaufte sie noch Eiscreme. So tingelten die beiden, in einem Wohnwagen hausend, den ganzen Sommer über durch die Lande. Bei der Mutter bezogen sie dann ihr Winterquartier und lebten schlecht und recht von den Ersparnissen des Sommers. Das war schon einmal eine große Entlastung für diese. Eines Tages verkündeten sie ihr, daß sie Oma werde,

und daß sie heiraten wollten, aber erst, wenn das Kind da sei; dann wollten sie eine sogenannte »Traufe« = Trauung + Taufe machen, wie das anscheinend jetzt in Mode kommt. Sie mieteten sich eine eigene Wohnung, der Mann gab seine Seiltänzerei auf und wurde Lastwagenfahrer und ein guter und rechtschaffener Familienvater. Dem ersten Kind folgte bald ein zweites. Die Mutter, meine Patientin, gab ihre Wohnung auf, mietete sich im Nachbardorf eine kleinere und war von nun an als »Babysitter« engagiert, da die junge Mutter jetzt eine feste Arbeitsstelle hatte.
Ende gut, alles gut!

Weitere Bücher von Gerhard Dollinger

Briefe aus dem Busch 1951–1953

168 Seiten, gebunden. ISBN 3-89511-029-9

Es war eine große Überraschung, als Dr. Gerhard Dollinger beim Räumen die Briefe fand, die er vor Jahrzehnten wöchentlich nach Hause geschrieben hatte. Damals begann er seine ärztliche Tätigkeit unter deutschen Siedlern im paraguayischen Teil des Gran Chaco, der auch die »grüne Hölle« genannt wird. In seinen Berichten schildert er frisch und freiweg die damaligen Zustände bei den Kolonisten, die in mörderischem Klima durch unermüdlichen Fleiß blühende Oasen schufen. Mit seiner Familie teilte er ihr entbehrungsreiches Leben und erzählt von glutheißen Sandstürmen und Heuschreckenschwärmen ebenso wie vom atemberaubenden Anblick der blühenden Kakteen, von lustigen Begebenheiten im Klinikalltag und vom Zusammenhalt in der festgefügten Gemeinschaft.

Weitere Briefe aus dem Busch 1954–1963

156 Seiten, gebunden. ISBN 3-89511–036-1

»Ich bin kein Dichter«, sagt Gerhard Dollinger, »ich kann nur erzählen von Menschen und Ereignissen, von Erfahrungen und Begebenheiten, die ich selbst erlebt habe.«
Nach Jahren im paraguayischen Chaco, beschrieben in »Briefe aus dem Busch 1951–1953«, entschließt sich Gerhard Dollinger, wieder dorthin zurückzukehren. Den Heimaturlaub haben seine Frau und er zu Fortbildungen genutzt, nun nimmt er seine Tätigkeit als alleiniger Arzt am Krankenhaus der deutschen Mennonitenkolonie Fernheim wieder auf. In seinen Briefen schildert er anschaulich das Leben der deutschen Siedler, deren wirtschaftliche Verhältnisse sich zusehends verbessern. Er erzählt von Erfolg und Mißlingen, von Geglücktem und Schwerem und von dem, was ihm immer wieder neuen Mut und neues Vertrauen gegeben hat.

Betulius Verlag Stuttgart

Weitere Bücher von Gerhard Dollinger

In meine Heimat kam ich wieder

Ein Buschdoktor auf Heimaturlaub
144 Seiten, gebunden. ISBN 3-89511-049-3

Nach Jahren bei deutschen Siedlern im Gran Chaco kommt Gerhard Dollinger 1958 aus Paraguay zurück. »Vieles von dem, was ich in diesem Heimaturlaub erlebte, sehe ich natürlich heute mit anderen Augen. Meine damaligen Eindrücke sind die eines Auswanderers, der aus Ruinenstädten fortging, fast acht Jahre in der Buschwildnis unter primitivsten Bedingungen gelebt hat und nun in das Deutschland des Wirtschaftswunders zurückkehrt und vor Staunen den Mund nicht mehr zubekommt – vor Staunen nicht nur über die ungeheure Leistung, die dieses Wirtschaftswunder bewirkt hat, sondern auch über die unglaubliche Spendenfreudigkeit der Deutschen«, sagt Gerhard Dollinger im Vorwort. Fesselnd berichtet er von seinen vielen Vortragsreisen, von den Fortbildungen, von anderen Erlebnissen und Begegnungen. Die damalige Zeit des Aufbruchs und Aufschwungs wird lebendig, und es ist spannend, sie mit der Gegenwart zu vergleichen.

In der schönen Wüste

132 Seiten, gebunden. ISBN 3-89511-003-5

Das Leben führte Gerhard Dollinger über viele Stationen in die weite Welt und auch wieder in die Praxis eines Landarztes in Süddeutschland. Durch die Jahre hat er Erlebnisse, die ihm wichtig waren, festgehalten und als Geschichten und Erzählungen gesammelt. Die hier zusammengefaßten Ereignisse haben ihren Schwerpunkt in der Zeit, als er zusammen mit Aidlinger Schwestern in wüstenartiger Gegend ein verlassenes Krankenhaus wieder in Betrieb setzte. Begebenheiten aus der Zeit vorher und dann wieder nach der Rückkehr nach Deutschland runden das Buch ab.

Betulius Verlag Stuttgart

Weitere Bücher von Gerhard Dollinger

Für drei Pfennig allerhand

Erinnerungen eines Landarztes.
Fast lauter heitere Geschichten
144 Seiten, gebunden. ISBN 3-89511-017-5

Schon immer wurde Gerhard Dollinger nach seinen heiteren Erlebnissen gefragt: Hier liegt nun seine Sammlung vor, und nicht ohne Hintersinn nennt er sie »fast lauter heitere Geschichten«. Denn auch in diesen Schilderungen wird nicht verschwiegen, mit welchen Problemen und Fragen er es zu tun hatte, aber der Weg zur Lösung und Überwindung der Schwierigkeiten wird gezeigt. Wie oft hilft ein herzliches Lachen aus verfahrenen Situationen heraus, wie oft ist es befreiend, die Dinge anders anzusehen und ihre heitere Seite zu entdecken!

Lückenbüsser

Ärzte erzählen von Ferieneinsätzen
144 Seiten, gebunden. ISBN 3-89511-011-6

Als Alleinarzt an einem Buschkrankenhaus ist man sieben Tage in der Woche rund um die Uhr im Dienst, und nach ein paar Jahren hat man das Gefühl: Jetzt geht's nicht mehr. Aber woher soll man eine Vertretung nehmen?
Gerhard Dollinger hat die Erfahrung gemacht, daß sich jedesmal, wenn er urlaubsreif war, ein »Lückenbüßer« fand. Und weil er auf diese Weise soviel Hilfe erfahren hat, nahm er sich vor, auch als Lükkenbüßer hinauszugehen, sollte er je wieder in Deutschland leben. Später kamen dann von Zeit zu Zeit solche Anfragen an ihn. Voll Dankbarkeit erinnerte er sich an die Ärzte, die bei ihm ausgeholfen hatten, und sagte zu.
Von einigen dieser Einsätze berichtet Gerhard Dollinger. Er hat darüber hinaus noch andere Ärzte gebeten, von ihren Lückenbüßereinsätzen zu erzählen, und all diese Schilderungen zusammen ergeben ein buntes Bild aus der ganzen Welt.

Betulius Verlag Stuttgart